U0012064

各界推薦

這本書，是我們人生的「聖經」！

——優衣庫（UNIQLO）社長　柳井正

軟體銀行社長　孫正義

凡是喜愛赤裸裸的自我剖析與企業祕辛的重度讀者，這本自傳絕對適合你！

——《休士頓日報》

克洛克無私地分享他的人生故事，節奏明快——原來大老闆也是熬過來的！

——《聖地牙哥論壇報》

個人風格強烈的優秀自傳，充分展現出雷．克洛克熱情樂觀的態度。——《美西書評》

作者娓娓道來白手起家的歷程，坦率又不失幽默，讓人驚嘆連連。

——《波士頓環球早報》

話題十足、毫無保留的創業故事！

——《田納西日報》

哥倫布發現美洲新大陸，傑佛遜創立美利堅合眾國，而雷．克洛克颳起大麥克旋風！

——作家湯姆．羅賓斯，《君子雜誌》

永不放棄

經典紀念版

Grinding It Out

The Making of McDonald's

我如何打造麥當勞王國

麥當勞創辦人

雷・克洛克（Ray Kroc）

羅伯特・安德森（Robert Anderson）——著

林步昇——譯

Grinding It Out: The Making of McDonald's
Original edition copyright © 1977 by Ray A. Kroc.
Afterword copyright © 1987 by Robert Anderson.
Complex Chinese translation copyright © 2014 by EcoTrend Publications, a division of Cité Publishing Ltd.
Published by arrangement with The McGraw-Hill Companies, Inc. through The Chinese Connection Agency, a division of the Yao Enterprises, LLC.
All rights reserved.

經營管理 114

永不放棄：我如何打造麥當勞王國（經典紀念版）

作　　者　雷・克洛克（Ray Kroc）、羅伯特・安德森（Robert Anderson）
譯　　者　林步昇
企畫選書人　文及元
責任編輯　林博華
行銷業務　劉順眾、顏宏紋、李君宜

總 編 輯　林博華
發 行 人　凃玉雲
出　　版　經濟新潮社
104台北市民生東路二段141號5樓
電話：(02) 2500-7696　傳真：(02) 2500-1955
經濟新潮社部落格：http://ecocite.pixnet.net
發　　行　英屬蓋曼群島商家庭傳媒股份有限公司城邦分公司
台北市中山區民生東路二段141號11樓
客服服務專線：02-25007718；25007719
24小時傳真專線：02-25001990；25001991
服務時間：週一至週五上午09:30-12:00；下午13:30-17:00
劃撥帳號：19863813；戶名：書虫股份有限公司
讀者服務信箱：service@readingclub.com.tw
香港發行所　城邦（香港）出版集團有限公司
香港灣仔駱克道193號東超商業中心1樓
電話：852-25086231　傳真：852-25789337
E-mail: hkcite@biznetvigator.com
馬新發行所　城邦（馬新）出版集團Cite (M) Sdn Bhd
41, Jalan Radin Anum, Bandar Baru Sri Petaling,
57000 Kuala Lumpur, Malaysia
電話：603-90578822　傳真：603-90576622
E-mail: cite@cite.com.my
印　　刷　一展彩色製版有限公司
初版一刷　2014年5月6日
二版一刷　2021年7月6日

城邦讀書花園
www.cite.com.tw

ISBN：978-986-06579-4-4、978-986-06579-5-1（EPUB）
版權所有・翻印必究
定價：380元
Printed in Taiwan

〈出版緣起〉

我們在商業性、全球化的世界中生活

經濟新潮社編輯部

跨入二十一世紀，放眼這個世界，不能不感到這是「全球化」及「商業力量無遠弗屆」的時代。隨著資訊科技的進步、網路的普及，我們可以輕鬆地和認識或不認識的朋友交流；同時，企業巨人在我們日常生活中所扮演的角色，也是日益重要，甚至不可或缺。

在這樣的背景下，我們可以說，無論是企業或個人，都面臨了巨大的挑戰與無限的機會。

本著「以人為本位，在商業性、全球化的世界中生活」為宗旨，我們成立了「經濟新潮社」，以探索未來的經營管理、經濟趨勢、投資理財為目標，使讀者能更快掌握時代的脈動，抓住最新的趨勢，並在全球化的世界裡，過更人性的生活。

之所以選擇「經營管理—經濟趨勢—投資理財」為主要目標，其實包含了我們的關注：「經營管理」是企業體（或非營利組織）的成長與永續之道；「投資理財」是個人的安身之道；而「經濟趨勢」則是會影響這兩者的變數。綜合來看，可以涵蓋我們所關注的「個人生活」和「組織生活」這兩個面向。

這也可以說明我們命名為「經濟新潮」的緣由——因為經濟狀況變化萬千，最終還是群眾心理的反映，離不開「人」的因素；這也是我們「以人為本位」的初衷。

手機廣告裡有一句名言：「科技始終來自人性。」我們倒期待「商業始終來自人性」，並努力在往後的編輯與出版的過程中實踐。

目錄

永不放棄

〔推薦序〕

成功，需要冒點險，更要堅持到底

徐安昇

雷．克洛克，是在五十二歲時取得麥當勞的專屬經營權之後全力發展加盟店，而成為全美最大的速食餐飲業者。現在，代表著美國漢堡文化的麥當勞在全球擁有三萬五千個營業店鋪，每天服務七千萬個客人，已成為餐飲業最有價值的品牌。這本書可說是他的自傳，也是麥當勞公司的發展史。

勇於做夢，勇往直前

克洛克先生性情開朗、大膽。他從小喜歡做夢、想事情，並將夢想付諸行動。他在一九二〇年代左右從事過許多工作，例如在雜貨店、藥妝店打工，在夜店當鋼琴手，加入樂團在舞廳當鋼琴伴奏，擔任股價記錄員，紙杯推銷員等，每個工作他都全力以赴。在工作中他學會凡事先擬定計畫再徹底執行，他用心觀察、找尋市場，發現新商機，不斷往前邁進。

從銷售紙杯進而從事多功能攪拌機的生意，他遇到很多困境，例如合約問題、財務的困難，但是他直覺這是有潛力，值得冒險的。他說：一旦決定就要全力投入，因為創業無法憑空完成，必須勇於冒險，適當的冒險是挑戰的一部分。遇到逆境要面對問題，而非輕易屈服。而且，要懂得一次處理一件事。

在接受多功能攪拌機的洽購時，不少客戶要求購買麥當勞兄弟所使用的相同機型。他於是搭機前往洛杉磯探訪麥當勞兄弟的餐館，餐廳整潔乾淨，生意很好，所賣的漢堡便宜又好吃，服務快速又不需服務費。漢堡、薯條、飲料的準備流程全部生產線化。他覺得這是未來速食餐廳的發展方向，於是積極爭取開放加盟的經營許可權。

天下無難事，只怕有心人

麥當勞的第一家實驗店的準備工作相當辛苦。設備的配置要適應各州不同的氣候，馬鈴薯的存放方式也影響到薯條炸出來的口感，問題很多但他並不氣餒，每天一早就開車到店裡幫忙開門前的準備工作，與清潔工一起打掃、拖地或掃廁所。

為了發展完善的加盟制度與講究高水準，他訂出一個原則：麥當勞企業不可成為加盟業者的供應商，麥當勞必須協助每位業者，讓他們經營成功。他希望麥當勞不只是一塊多人使用的招牌，更希望建立一套餐廳體系，以優質飲食和製作流程統一，聞名於世，讓所有的顧客信任該體系的聲譽而再度光臨。因此，麥當勞必須長期提供業者培訓課程與互助制度，時時評估績效；也要培養研發人員，提供食品製造技術給業者。

他經常強調品質、服務、清潔與價值的「QSCV」的概念。這是對抗競爭對手與面對顧客的最佳理念。他重視正派經營，重視加盟主的權益，不收回扣，協助供應商降低成本，誠信對待顧客。

堅持到底

要做好一件事情沒有捷徑，每個過程每個細節都必須堅持。

他最愛的名言是：「世上沒有東西能取代堅持。才華無法取代堅持，徒具才華卻一事無成的人比比皆是。資質也無法取代堅持，空有資質卻不懂利用的人不勝枚舉。教育無法取代堅持，世上盡是受過教育的敗類。唯有堅持和決心方能無往不利。」

不少年輕人都想找個穩定安易的工作。務實（Realistic）是平庸之路，年輕人應該培養謀生能力並懂得工作的樂趣。願意冒險、接受挑戰才會有享受成就感的快樂。

（本文作者為「麻膳堂」、踢努「Tinun」、Botanica、iCHEF以及筑誠創研等公司的創辦人。他致力於推廣更美好的生活形態，是生活產業連續創業家，並曾與徐重仁先生合著《夢想的修練》，天下文化出版）

〔推薦序〕

雷・克洛克——罕見的熱血創業家

「美國夢已不復存在！」

「稅賦太重，摧毀商機！」

過去三十年間，常有人發出類似的嗟歎；但實際情況是，全球財富快速增加，生活水準大幅提升，以前的時代根本難以相提並論。

若有人跟我一樣，在研究所開設創業思維或創新企業管理等課程，就會知道上述的杞人憂天毫無依據。我們進行了許多個案研究，皆為個人成功或企業成長的真實案例，足以證明這一點。

業界不時會出現像雷・克洛克（Ray A. Kroc）這樣熱血的奇葩，完全真人真事，都是白手起家而後致富，他們貫徹自身信念，駁斥種種悲觀論調。本書不但是雷・克洛克的親筆自傳，也是麥當勞企業的成長史，推翻所謂冒險會得不償失的論調，同時提醒我們，機會俯拾即是，我們只需要懂得掌握先機，看準天時地利的條件。誠然，成功或許得靠點運氣，但現今富足的社會中，許多人都忘了，成功的不二法門在於努力不懈、認真打拼的精神。

克洛克曾於一九七四年參訪達特茅斯大學（Dartmouth College）艾摩斯塔克（Amos Tuck）商學院，並來我任教的班級演講。兩年後，一九七六年三月，他率領管理團隊中幾位重要主管再度前來，其中包括時任麥當勞總裁暨執行長的佛瑞德・特納（Fred Turner）。（第二次造訪讓人見識到克洛克縱橫商場所展現的魄力與決心：當天，暴風雪使當地機場被迫關閉，他並未就此打消念頭，反而立即從波士頓總部調派一輛麥當勞巴士，順利將困在風雪中的眾人載至校園。）

克洛克先生知無不言，完全折服了台下那群見多識廣的ＭＢＡ學生，兩次蒞臨皆談笑風生，向學生們簡要地分享他的人生故事及麥當勞沿革，詳細內容不妨閱讀這本自傳。他逐一解答學生提出的所有問題，在演講與討論過程中，都展現了其所以成為今日商界傳奇的風采：秉持不屈不撓的企業哲學；貫徹吸引家庭客源的營運方針；強調待客有禮、環境整潔與服務態度等基本要求；力挺工作同僚，對於自麥當勞草創初期就共事的夥伴尤其如此。

他的演講流露自身幽默詼諧、毫不服輸與熱愛工作的一面，並且堅信，只要目標設定得宜，人人都可在美國實現夢想，甚至會有超出預期的收穫。克洛克先生本身是一流的銷售員，既擁有不凡領袖特質，又具備優秀管理能力，對細節絕不馬虎，如此人才實屬罕見。

只要稍微聽過克洛克的演講，就不難了解他將這本自傳取名為「Grinding It Out」[1]的原因，並不是暗指麥當勞漢堡的製程，而是呼應他自己三十年來苦幹實幹的工作經驗——

1 原意為以一成不變的方式製造產品，引申為土法鍊鋼般努力不懈。

先是在紙杯公司當銷售員、升上銷售經理，後來再出來自己創業。直到一九五四年，終於出現畢生難逢的契機；那年他已經五十二歲，通常屆此年齡的主管已開始嚮往閒雲野鶴的退休生活。本書也適時提醒讀者，麥當勞之所以能成為今日速食加盟產業的龍頭，背後其實投注了大量時間、心力與資本。

一九七六年是劃時代的一年，麥當勞企業的總營收首次超越十億美元。一般研究企業史的學生，看到一家成立二十二年的公司達到此一里程碑，可能還不甚明瞭其意義之重大。不妨以此為基準進行客觀比較：ＩＢＭ素來享有成長傲人的美譽，卻是在一九五七年，即其創立屆滿四十六年時，營收才達到十億美元；全錄（Xerox）公司亦以業績成長迅速聞名，前後共花了六十三年，於一九六九年才加入營收十億美元的行列。即便考量一九〇六年全錄成立以來的物價水準波動，上述總營收的統計數字仍反映出麥當勞一路以來的成就，以及無與倫比的成長速度。

麥當勞企業的歷史確實很吸引人，不過這僅是本書內容的一部分。在克洛克的領導下，麥當勞不但引領創新，同時改良既有做法，一舉顛覆了整個餐飲服務產業，改變全球飲食習慣，並提升顧客對產品的期待。試想，如今還有誰能忍受服務龜速、餐點昂貴、薯條溼軟與用餐環境骯髒呢？

克洛克先生這本自傳不但是引人入勝的回憶錄，更可說是商學院學生不可多得的補充教材。凡是有志創業的人，無論是高中剛畢業、已年過半百或介於兩者之間，本書必定會成為彌足珍貴的參考書。

達特茅斯大學艾摩斯塔克商學院副院長
保羅・帕加努奇（Paul D. Paganucci）教授
新罕布夏州漢諾威市
一九七六年六月二十九日

第1章

抓住機會

「世事如潮，若能乘浪而行，則可順應時運；若是貽誤先機，則會囿於泥沼。如今，吾等於汪洋中漂蕩，必得掌握潮起之時，以免錯失昂揚之勢。」

——摘自莎劇《凱撒大帝》

我向來堅信，幸福是由自己創造，自己的問題得自己解決，這是再簡單不過的人生哲學。我想這得歸諸自己骨子裡流著的波西米亞人血液，畢竟我的祖先皆自力更生、世代務農。但我之所以對此深信不疑，是因為我就是活生生的例子。想當年，我仍是二十歲出頭的小伙子，從事推銷紙杯的工作，每週才賺三十五美元，還得四處兼差演奏鋼琴，養活老婆和寶貝女兒，憑藉的就是這份信念；如今，即使我已有數百萬身價，相同道理依然適用。因此，只要機會上門，務必好好把握，我也始終貫徹這項原則。我為莉莉圖利普紙杯公司（Lily Tulip Cup Company）賣命十七年後，升任銷售部門的主管。那時正逢一款新型奶昔製造機問世，外型難看、有六個轉軸，名為「多功能攪拌機」（Multimixer），我看準其中商機，立即重金投資。當然，要放棄穩定的高薪工作、轉而自行創業，這事談何容易？我太太得知後震驚不已，不敢相信我竟下此決定。但我轉換跑道後相當成功，她原先的不安也隨之消散；我滿心歡喜地參與銷售活動，設法在全美各地推銷多功能攪拌機，鋪貨至藥妝店與快餐店。過程歷盡艱辛，但收穫豐碩，我更是樂此不疲。然而，我仍時刻留意市場上的其他契機，常言道：「**青澀是成長的動力，成熟是衰敗的開始。**」當時如酢漿草般青澀的我，聽到了一件很耐人尋味的事，是關於銷售到加州的多功能攪拌機。

我開始接到來自全美各地的洽購電話，這些潛在客戶紛紛表達對多功能攪拌機的興趣，包括奧利岡州波特蘭市的餐廳業者、亞利桑那州尤馬市的汽水販賣機供應商、華盛頓特區的快餐店經理等。基本上，他們的洽詢內容都大同小異：「我有意購買攪拌機，就是加州聖伯納迪諾市（San Bernardino）麥當勞兄弟使用的機型。」這不禁讓我愈發好奇，麥當勞兄弟到底是何方神聖？攪拌機明明銷售至全美國，為何這些客戶偏偏從他們那裡得知消息？（當時攪拌機還只有五個轉軸。）我查看了出貨紀錄，結果令我出乎意料：麥當勞兄弟不止有一台多功能攪拌機，也不是兩三台，而是一口氣買了八台！想想看，八台多功能攪拌機一次可製作出四十杯奶昔，便已教人難以置信；而且攪拌機每台的售價要一百五十美元，容我提醒各位，這可是一九五四年的物價水準；而且地點竟然在聖伯納迪諾市，當時不過是位在沙漠中的一個安靜小鎮，實在是太不可思議了。

某日，我搭飛機前往洛杉磯，依例打了幾通電話給當地代理商。翌日清早，我驅車向東，開了近一百公里後，抵達聖伯納迪諾市。早上十點左右，我行經麥當勞兄弟的餐館，並未發現任何特別之處：外觀為小型的八角建築，簡單樸素，座落於六十公尺見方的轉角地段，看起來和一般路邊汽車餐館[1]沒兩樣。該餐廳十一點才開始營業，隨著時間接近，我把車停好，看到員工陸續出現：清一色男性，身穿潔白襯衫與長褲，頭戴白色紙帽，我看了十分欣賞。他們從屋子後方狹長低矮的倉庫搬出貨物，滾動四輪推車，上頭載著一袋袋馬鈴薯、一箱箱肉品、一罐罐牛奶與汽水以及一盒盒圓麵包，悉數運進那棟八角屋內。我心想，那裡面一定有什麼特別之處。他們搬運的速度逐漸加快，很快就像螞蟻一般忙進忙出。此時，許多車子開始停在餐館外，排隊人潮隨之湧現；不久後，停車場停滿了車，顧客紛紛前往窗口點餐，再拎著一袋袋漢堡，走回自己車上享用。親眼見到大批顧客如此接踵而來，就不難想見八台多功能攪拌機同時運轉的畫面。我雖已看得入迷，卻仍抱持些許懷疑，於是下了車，跟著大家排起隊來。

「請問一下，大家在排什麼？」我問前面那位穿著輕便西裝的黝黑男子。

「你沒來吃過這家餐廳嗎？」他問道。

「沒有耶。」

「喔，那你待會兒就知道了。你只要花區區十五美分，就能吃到最棒的漢堡，既不用等半天浪費時間，也不必另外給服務生小費。」他語帶肯定說道。

我離開了隊伍，繞到餐館後方，只見幾名男子蹲在蔭涼處，姿勢頗像棒球捕手。他們把背靠在牆上，大啖手中的漢堡，其中一人還穿著木工圍裙，想必是從附近工地過來的；他抬頭看著我，感覺十分友善，我便問他多常來這裡解決午餐。

「我他媽的每天都來，這比平常那種冷掉的肉排三明治好吃太多了。」他邊說邊咀嚼著。

那天炙熱難耐，但餐館四周卻不見蒼蠅飛舞。身穿白色制服的男員工有條不紊，一切都整理得乾乾淨淨。我不禁大為佩服，因為我向來忍受不了髒亂，對於用餐環境的標準更是嚴格。我還發現，即使在停車場，地上也看不到半點垃圾。

1 Drive-in restaurant：源於一九三〇年代初期的路邊餐廳，消費者可在窗口點餐，等服務生送來餐點後，便直接坐在車內享用。

一台亮黃色敞篷車內坐著一名女子，頂著透紅的金髮，一副要去好萊塢卻迷了路的樣子。她迅速吃著漢堡和一袋薯條，動作拘謹卻又俐落，頗為迷人。我在好奇心的驅使下，上前向她攀談，表示自己正在進行街頭訪查。

「可否告訴我您來這裡消費的頻率？」我問道。

「我只要剛好在這附近就會來，應該算很頻繁吧，因為我男朋友就住這一帶。」她微笑答道。

她這是逗著我玩或實話實說，還是故意提到男友，好讓面前這位愛搭訕又問東問西的中年男子知難而退呢？我不知道，也毫不在意，畢竟讓我興奮不已、心跳加速的原因，並非她那性感的外表，而是她大口吞嚥漢堡時滿足的神情。放眼望去，停車場內許多顧客同樣在車上享用漢堡，她的漢堡因而更顯美味。我頓時覺得胃部一陣翻攪，彷若自己是個投手，即將投出一場無安打的比賽；這麼神奇的銷售方式，實在是前所未聞啊！

我早忘了那天中午到底有沒有買漢堡吃了，只記得後來回到車上，等到下午兩點半左右，那時人潮已經散去，只剩不時出現的零星顧客。我走進餐館，見著了麥當勞兄弟檔莫里斯與理查[2]，主動自我介紹。他們相當歡迎我來訪（還稱呼我為「多功能攪拌機先生」），我們三兩下便聊得十分熱絡，更約好一起吃晚餐，聊聊他們餐館的營運模式。

晚餐時分，他們描述著餐館的制度，既簡單又具成效，讓我大為驚豔。每個生產步驟都化繁為簡，不需耗費太多心力即可完成。他們只賣漢堡和起司堡。每個漢堡都使用平均十分之一磅[3]的肉排，煎肉程序完全相同，售價十五美分，可額外花四美分加一片起司；汽水每杯十美分，十六盎司[4]的奶昔每杯二十美分，美式咖啡每杯五美分。

晚餐過後，麥當勞兄弟帶我去見他們的建築師，他剛設計好一棟全新的汽車餐館。建築的外觀非常漂亮，紅白相間並綴以黃色，窗戶做得非常大，頗具時尚感。另外，相較於原先那棟八角屋，用餐區的設施也有所改進，更在餐館內增設廁所；若是本來的餐館，顧客若想上廁所，還得穿過停車場，走到後面那棟狹長低矮的建築（同時容納倉庫、辦公室與廁所）。而新餐館的一大特色，在於一道道穿越屋頂的拱門，招牌高掛其上，內側還有

2 原名為 Maurice（暱稱 Mac）和 Richard（暱稱 Dick）。

3 一磅約等於〇．四五公斤。

4 一盎司約等於二十八公克。

霓虹燈管照亮。在我看來，這樣的設計還是有不少缺點，例如掛招牌的拱門似乎不太牢固，一旦刮起強風恐怕會倒塌，而霓虹燈管亦需定期維護，否則容易因亮度不足而顯得俗氣。儘管如此，我仍然很喜歡拱門的設計理念，以及其他的巧思。

當天夜裡，我待在旅館房間，反覆思考白天的所見所聞，腦海不禁閃過一幅幅畫面：**全美大大小小的路口，開起一家又一家的麥當勞餐館，每家都有八台多功能攪拌機同時高速運轉，大把大把的鈔票也隨之進入我的荷包。**

隔天一早起床，我心中便想好了行動方案。麥當勞餐館開始營業時，我就已在場觀察。接下來的情況與前一天如出一轍，但我仍然看得興味盎然。不過由於昨晚與麥當勞兄弟談過，我觀察得更為仔細，也更留心一些細節。我注意到員工煎肉排的料理手法，包括肉排翻面後快速壓平，以及隨時刮淨滋滋作響的煎爐表面。但最吸引我注意的，莫過於炸薯條的流程。麥當勞兄弟說這正是他們生意成功的關鍵，也詳述了準備流程。但我仍想親眼瞧瞧，畢竟薯條炸得如此好吃，一定有其祕方。

對多數人而言，炸薯條一點也不新奇，不過就是一種零食，讓人吃漢堡或喝奶昔的空檔可以有東西咀嚼，好消磨時間罷了。但那只是普通的炸薯條；麥當勞兄弟的炸薯條，美味等級截然不同，是他們嘔心瀝血之作。當時我不懂其中奧妙，但總有一天能夠參透。在我心目中，他們的炸薯條擁有神聖地位，而料理過程則猶如固定儀式，必須按部就班，絕對馬虎不得。麥當勞兄弟選用愛達荷州的頂級馬鈴薯，每顆約重八盎司，一箱箱堆疊在餐館後面的倉庫中。由於老鼠和一些討厭的小動物愛吃馬鈴薯，因此箱子四周特別圍上兩層鐵絲網，既保通風又可防鼠入侵。員工先將薯條裝袋，然後推著滿載的四輪車進入餐館。接著，他們仔細將馬鈴薯去皮，僅留一小部分薄皮，再把去皮的馬鈴薯切成長條狀，丟入盛滿冷水的池子裡。負責炸薯條的員工將袖子捲至肩膀，雙手伸進池中，輕輕攪動如魚兒般成群的薯條。隨後，池水逐漸由清變濁，代表澱粉泡了出來，此時將水濾掉，可看見薯條亮晃晃的狀態，再用軟式水管沖去剩餘的澱粉。之後便是把薯條裝入炸籃，再一籃籃堆在炸爐旁，猶如工廠的生產線。一般炸薯條都有個共同的問題：使用炸雞或其他料理剩下的食用油。所有餐廳業者都會否認這點，但幾乎每家都這麼做。雖然這稱不上黑心，但錯就是錯，而且正是諸如此類的苟且心態，讓炸薯條平白蒙受惡名，更倒盡無數美國人的胃口。當然，麥當勞兄弟抗拒了誘惑；他們的炸薯條用油完全無添加物。薯條一包三盎司，售價才十美分，我得說句公道話，真的物超所值。顧客也曉得這點，因此每天的薯條銷量極為驚人。領取炸薯條的窗戶旁有條長鏈，上頭掛著大大的鋁製鹽罐，隨著薯條不斷賣出，鹽罐跟著晃晃悠悠，頗像救世軍[5]表演時使用的鈴鼓，一刻不得閒。

我覺得麥當勞兄弟炸薯條的方法太有意思了，從旁觀察後也發現，過程果真如同他們所說的那麼簡單。我深信自己對於流程已瞭若指掌，而且只要一絲不苟地依照步驟，任何人都能如法炮製。豈料我大錯特錯，而且我與麥當勞兄弟來往的過程中，類似的誤判更是不勝枚舉。

午餐尖峰時段過後，我再度與莫里斯和理查兩兄弟洽談。我真的熱中於他們的營運模式，所以希望自己能打動他們，使他們支持我的計畫。

「我為了推銷多功能攪拌機，走遍了全美各地的各大餐廳和路邊餐館，從未見過像你們這麼有發展潛力的小店，為什麼不開放加盟呢？這樣一來，我們彼此都會大發利市；你們只要多開一家分店，就等於增加了多功能攪拌機的銷量啊。」我滔滔不絕說道。

兄弟倆一陣沉默。

我尷尬不已，覺得好像領帶浸到了湯裡，備感難堪，而兄弟倆只安靜坐在那兒看著我。之後，莫里斯的嘴角揚了一下（這表情在新英格蘭區可代表微笑），人連椅子轉過去，指著餐廳對面的小山。

「看到那棟有寬敞門廊的白色大房子了嗎？那就是我們最愛的家。每天傍晚，我們會坐在長廊上欣賞日落，望著山下這棟餐館，過得相當愜意，不想自找麻煩。我們現在可以好好享受生活，也只想這麼過下去。」

這番想法完全出乎我意料之外，我只得花幾分鐘重整旗鼓。但我很快就發現，繼續這樣討論下去，勢必會無功而返。於是，我提出一個兩全其美的辦法，亦即請別人代為開設分店，如此我依然可以賣出攪拌機。

理查仍不同意，他說：「這樣還是很麻煩，而且我們到哪裡找人幫忙開分店呢？」

我坐在那裡，內心一股篤定感油然而生，立即傾身向前說道：「這樣吧，交給我如何？」

5　救世軍（Salvation Army）：十九世紀創立於英國的國際慈善組織，以基督教為信仰，進行街頭公益活動、社會服務，並捐助物資予窮人。

第2章

工作，就像是漢堡裡的牛肉

一九五四年，我搭機飛回芝加哥的那天，公事包內已放著剛與麥當勞兄弟簽好的合約，命運齒輪開始轉動。當時，在商場上我已算是身經百戰，但依舊迫不及待迎接新挑戰。我那年五十二歲，患有糖尿病和輕微關節炎，且先前忙著打拼事業，膽囊與大部分的甲狀腺都已切除。但我深信，前方仍有大好機會等著我。我依然年輕，仍在不斷成長，我的心翱翔在雲端之上，比飛機還高，那裡光明璀璨、晴空萬里；一望無際的天空中，只見遠處山巒波浪般起伏，從科羅拉多河綿延至密西根湖。然而，我們開始於芝加哥降落時，天空忽然變得昏暗陰沉，回想起來，我當時早該視其為不祥之兆，預示著自己前途多舛。

然而，飛機滑過一層層翻滾的黑雲，我的思緒卻集中於地面那些大街小巷，我在此成長，就這麼活過了半個世紀。

我在芝加哥西郊的橡樹園鎮（Oak Park）出生。我父親路易斯．克洛克是西聯匯款（Western Union）的員工，十二歲便開始工作，從基層慢慢往上爬。他八年級就輟學了，因此要求我一定要唸到高中畢業。我弟弟鮑伯比我小五歲，妹妹洛蘭則小我八歲，都比我來得有心向學；鮑伯甚至還當上教授，投身於醫學研究，我倆幾乎毫無共通點，多年相處下來，常常話不投機半句多。

我母親蘿絲待人親切和藹，把家中上下打理得整齊又乾淨，但還不到外婆那般潔癖的程度。我永遠忘不了外婆家的廚房：整個星期地板上都鋪著報紙，到了星期六才拿掉報紙，此時地板其實已經一塵不染，她卻仍用滾燙的肥皂水用力刷洗，待地板洗淨擦乾後，再鋪上新一層報紙保護，以迎接下個星期。這是外婆從波西米亞帶來的傳統，並不打算改變。母親靠著教鋼琴賺些外快，也希望我幫忙分攤家事。我非但沒半句抱怨，還很得意自己打掃和折被的功夫不落人後。

那個年代，凡是大人在場，小孩都得乖乖在一旁，不許任意插話，但我並不覺得遭到冷落。舉例來說，我父親常跟一群朋友在家中練唱，我們兄弟倆便待在樓上自己玩，母親則在樓下幫他們彈琴伴奏。只要樓下音樂一停，我和鮑伯就會立即停下手邊的遊戲，跑到位於廚房正上方的縫紉室。我從地板拉出暖爐（那時家中尚未安裝中央空調，得使用地板風口讓熱空氣升至上層房間），母親會準備好一盤點心，放在父親裝於舊掃帚把手的拖盤上，再遞上來給我們。此舉給人一種冒險的快感，因為我母親都會瞞著其他人，鬼鬼祟祟地運送食物。

我小時候不愛讀書，覺得書本索然無味，我比較喜歡行動。但我花很多時間思考，會想像各式各樣的情境，以及自己的處理方式。

「小雷你在做什麼呀？」我母親常問道。

「沒有啊，在想事情。」

「我看是在做白日夢吧，我們的大夢想家[1]又在做夢了。」她回道。

他們動不動就叫我大夢想家，即使我升上了高中，只要回家後迫不及待地分享自己想到的計畫，也會被叫這個綽號。但我從不覺得自己在白費力氣，畢竟這些白日夢往往都會付諸實行。舉例來說，我曾想擁有自己的檸檬汁攤子，不久後真的辦到了，而且我勤於叫賣，因此檸檬汁的銷量奇佳；在唸初中時，我曾利用暑假在一家雜貨店打工；我也在叔叔的藥妝店幫過忙；我也曾和兩個朋友合開一家小型唱片行，自己當起老闆。只要有工作機會，我都盡可能把握。**若人生是個漢堡，工作就是中間的漢堡肉**。常言道：只工作，不玩耍，孩子終究會變傻（All work and no play makes Jack a dull boy）。但我難以認同這句話，因為**對我來說，工作就是玩樂**。我從中獲得的樂趣，無異於打棒球的樂趣。

那個年代，棒球堪稱全民運動。三五鄰居會聚在我家後面的巷子裡，煞有其事地進行比賽。我父親也是個棒球迷，在我七歲的時候，開始帶我去城西的球場，觀看芝加哥小熊隊（Chicago Cubs）的比賽。我看到小熊隊中鼎鼎大名的庭克（Joe Tinker）、艾佛斯（Johnny Evers）與錢斯（Frank Chance）合作無間，造成許多雙殺。小熊隊那時是客場，而每位球員的資料我都記得滾瓜爛熟，連鞋子尺碼也瞭若指掌。我們小孩之間老愛爭辯哪個球員比較厲害，不過由於我父親和庭克隸屬同一個俱樂部，因此我可說佔盡上風，講到小熊隊時我更是專家；想當然爾，我一定懂得比較多，畢竟我老爸認識庭克本人耶。那些年，大家在巷子裡吵翻天，回想起來卻是甜蜜的回憶；我們比賽時亦激烈無比，垃圾桶蓋充當本壘板，球棒坑坑巴巴（常用石頭進行揮棒練習的緣故），棒球外還包著厚厚的黑色絕緣膠帶。而我一聽到母親在後陽台大喊：「小雷！進來練琴了！」心中情緒立即糾結不已，一旁朋友乘機幸災樂禍，模仿她的聲音和語調，而前一秒還意氣風發的小熊隊專家，如今只能哀怨回話：「來了啦！」然後拖著沉重的步伐，乖乖回家向母親報到練琴。

我彈起鋼琴毫不費力，母親也對我的資質相當滿意。時至今日，我十分感激她當時督促我規律練琴，儘管我以前常覺得她要求過高。我的琴藝在街坊鄰里間逐漸小有名氣，就

1　Danny Dreamer：二十世紀初美國漫畫家布利格（Clare Briggs）筆下角色之一。

連哈佛公理會唱詩班指揮都請我去彈管風琴，為他們的合唱練習伴奏——但最後證明他失算了。我雖然有意願也有能力勝任，但聖歌莊嚴的和弦把我給悶壞了。那晚練習的後半場，我在老舊風琴的長椅上坐立難安。我搞不懂的是，他們何以能忍受合唱被迫中斷，重複聆聽指揮的教誨，內容還大同小異。此外，音樂本身實在甜美到令人生膩，加上又緩慢悠長，我在風琴臺上簡直就要窒息。冗長的練習似乎永無止盡，而當最後一曲聖歌結束，他對大家說道：「今天就練到這兒吧，各位女士先生，晚安囉。」我馬上反射地彈奏一段輕歌舞劇中的知名樂句「Shave and a haircut, two-bits」[2]。此舉想必惹毛了指揮，雖然他沒有對我的逾矩加以斥責，但從此再也沒找我去伴奏了。

我對音樂感興趣主要是因為看到商機。以前，我十分欽佩在芝加哥市中心伍爾沃斯（Woolworth）與葵斯吉（Kresge）等大賣場演奏的鋼琴手，他們藉由自彈自唱，吸引顧客進入音樂館，裡面販售一架架的樂譜與周邊商品；若逛到喜歡的音樂想試聽一下，駐館鋼琴手便會來段現場演奏。我深盼自己也能成為這樣的鋼琴手，而升上高中後第一個暑假，機會就來敲門。

上一學年時，我利用暑假與午休時間，在我叔叔厄爾・艾德蒙（Earl Edmund）於橡樹園鎮經營的藥妝店打工，負責汽水販賣區的飲料銷售。而我就是在那裡學會運用微笑與熱忱，影響顧客的消費行為，例如他們本來只是想來杯咖啡，最後卻順便買了聖代。無論業績如何，我都把收入攢起來，最後存夠了錢，便和兩個朋友投資音樂事業。我們每人各出一百美元，以每月二十五美元租下一間小店，我們販售樂譜與各式新奇樂器，包括陶笛、口琴和烏克麗麗。我擔任鋼琴手，常常在店內自彈自唱，不過銷售狀況只是差強人意；說來可悲，其實我們的業績從來就不見起色。我們的店面是採每月續約制，開店幾個月後，終究宣告放棄，遂把存貨轉賣給另一家店，三人平分剩餘資金，為此事劃下句點。

高二那一整年，對我而言簡直有如喪禮一般難熬。學校給我的感覺，和以前童子軍給我的感覺相去不遠：度日如年。我一度很想成為童子軍，也確實享受了一陣子的童軍生活。我獲選為號角手，但號角玩不出太多花樣，我後來發現自己在集會時演奏的曲目千篇一律，無足輕重，我也沒在進步，於是決定退出童子軍。學校則是半斤八兩，充斥著過去

2　樂曲結尾常見的節奏（長—短短短—長—長，長—長），歌詞內容不是重點，常用來增添喜感。參考 http://www.youtube.com/watch?v=VgPiIpboxt0。

的陋習，無法與時俱進。

我在學校唯一享受的事情是辯論。對於辯論這項活動，我可說是卯足了勁，只要對我方論點有利，就算必須咬對手一口，我都不會手下留情。我以前很喜歡成為眾人焦點，說服觀眾接受自己的觀點。有場辯論我至今仍記憶猶新，辯題為：「是否應該禁止吸菸？」一如往常，我是不被看好的那方，必須捍衛吸菸的權利。正反雙方言詞交鋒，過程精采萬分，但是正方犯了致命錯誤，把吸菸一事描繪得太過不堪與邪惡，凡具理性之人都難以接受；浮誇的修辭並無不可，但前提是不可與現實脫節。因此，我緊抓此點回擊，娓娓道出我曾祖父與他最愛的菸斗的故事。我們都叫他佛西阿公（Grandpa Phossie），意思是留著絡腮鬍的阿公。他在波西米亞生活困苦，歷盡艱辛才來到美國；他一點一滴掙著血汗錢，終於為家人打造了舒適的家。如今他垂垂老矣，所剩之日無多，僅存的生活樂趣就是和小狗玩丟接樹枝的遊戲，以及凝視著老舊菸斗冒出的裊裊煙圈，回憶過去美好的時光。我再問道：「你們誰忍心搶走這位老先生的菸斗，從而剝奪他在世上所剩無幾的享受？」語畢，我注意到禮堂內有些女生已眼眶泛淚，讓我相當欣喜。但願我父親有機會聽到當時如雷的掌聲，或許能稍微彌補我志不在讀書帶給他的失望。

那年春天學期結束後，美國加入一次世界大戰。我找了份工作，挨家挨戶推銷咖啡豆與小禮品。我深信自己可以闖出一番事業，因此沒必要回學校唸書。況且，當前的戰事更為重要，戰時歌曲〈前往彼方〉（Over There）紅遍大街小巷，我也心生嚮往。父母當時極力反對，但我終究說服他們讓我加入紅十字會，擔任救護車司機。我當然得先謊報年齡，但此舉連我的阿嬤也表示贊成。我們在康乃狄克州集中訓練，隊上還有另一個謊報年齡的弟兄。他是出了名的古怪，因為大部分人放了假，都會去鎮上找女生搭訕，只有他待在營區畫畫。他的名字是華特．迪士尼（Walt Disney）。

停戰協議簽署時，我正準備搭船前往法國，戰爭既然告一段落，我也就回到芝加哥家中，思考人生的下一步。父母勸我再回學校唸書試試看，但我只撐了一個學期，代數對我來說依舊無聊得要命。

我只想出去推銷東西，同時演奏鋼琴賺錢，因此就開始工作。我負責在某一地區推銷緞帶禮品，這份工作對我而言可說是如魚得水。我會在自己住的旅館中，設立樣品展示空間，先掌握買主品味，再擬定銷售策略。愛惜羽毛的投手，絕不會每次都丟給打者相同的球；同理可證，**愛惜羽毛的推銷員，也絕不會對每個客戶丟出一樣的話術。**一九一九年時，週薪能達到二十五或三十美元，就已經算是優渥，而過沒多久（我有幾個星期接了許多演奏工作），我賺的錢竟超越了我爸的薪水。

我十七歲時，是個標準的「情聖」，自視甚高，八成很難相處。影星魯道夫．范倫鐵諾（Rudolph Valentino）當時擄獲無數少女的心，成了我模仿的對象。我把粗硬的頭髮中分，抹上髮油，營造向後梳得服貼、如漆革般光亮之感。我還添購名牌時裝，而出去約會時，嘴裡必叼著麥蘭克牌（Melachrino）軟木菸嘴土耳其菸。約會時只要坐下來，我就會故作姿態地拿出進口菸盒，擺在桌上，以顯示自己品味不俗。雖然只是年少輕狂，但回首過去，仍教我無地自容，因為我最瞧不起裝腔作勢的做作行為。老實說，我還記得有一晚，自己被嚇得魂飛魄散，從此不再佯裝「情聖」，想到這裡，內心總會升起異樣的快感。

音樂家賀比．明茲（Herbie Mintz）總是知道哪裡缺人。他私下向我透露有家夜店在找像我這樣的鋼琴手，雖然遠在南邊的卡魯梅市（Calumet City），但酬勞比一般行情來得高，我二話不說就接了。從西邊的橡樹園鎮到芝加哥的東南郊，實在得費一番工夫。我一連轉乘了不同的巴士與火車，但總算趕上了晚上九點開門營業。

我後來發現，這地方根本是個聲色場所。我們在樓下「舞廳」演奏，四周裝飾俗不可耐、花俏華麗，頗有一八九〇年代紙醉金迷之感。主持人是位份量十足的女士，目測至少有九十公斤。她那一身裝扮著實讓人大開眼界，頭髮和化妝跟裝潢一樣繽紛鮮豔，全身飄散刺鼻的廉價香水味；她不時倚身靠近，隨著我的伴奏歌唱，我被迫吸進好幾口如此難聞的味道。她扯開沙啞的嗓子高歌，脖子那圈金黃色珠寶隨著胸前波濤起伏，短胖手指戴著眾多閃閃發光的戒指，一切情景至今仍歷歷在目。曲間休息時，這位大媽藉機歇會兒，並引導人潮往樓上臥房尋歡。然後她晃到鋼琴旁，開始跟我攀談。

「帥哥，你住哪呀？」她問道。

我用盡吃奶的力氣壓抑恐懼，以免聲音顫抖，表示自己來自橡樹園鎮。

「哇，那麼遠喔，現在外面這麼黑，就待在這兒吧。」

我害怕得無法拒絕，接下來整晚都不安地在鋼琴椅上動來動去，並用眼角餘光瞄著大媽，希望她不要再靠近我。夜店的客人喧鬧個沒完，我待在那裡一點都無法安心。就在她演唱最後組曲之前，我躡手躡腳往酒保走去，把他叫到一旁說話。我努力裝得自然，不讓聲音露出破綻。

「聽我說，我們剩下最後一個組曲，但我回家路途遙遠，不太想耽擱時間。可不可以現在先付我錢呢？」我說道。

酒保不發一語，雖面無表情但似乎心照不宣，把手伸到吧台下，然後遞給我酬勞。我急忙跑到男廁，把現金塞入襪裡。在這裡我無法相信任何人。而最後曲目結束後，樂團其他人還在收拾樂器，我就已經在街上狂奔，離那位高噸位的大媽愈遠愈好。

我從此再也沒回去。

至於我那份推銷緞帶禮品的工作，沒過多久也遭遇瓶頸。工作本身固然有趣，但我明白，向農家婦女推銷玫瑰花飾，供其縫在床墊或襪帶上，並非真正適合我的志業。因此一九一九年夏天，我把工作辭了，加入了密西根州帕帕湖區（Paw-Paw Lake）的樂團，擔任演奏。我們的扮相時髦極了，身穿條紋休閒外套，戴著硬式草帽。遙想當年火熱的青春年華與許多痴迷搖擺舞的小子，真教人懷念。

我在名為「湖濱」（Edgewater）的廉價舞廳伴奏。帕帕湖當時是避暑勝地，我們的表演常吸引許多住在附近旅館的客人。傍晚時分，我們全團會搭著湖上遊輪，沿著湖畔航行，並賣力地演出。其中一位團員會站在船頭，拿著大聲公呼喊：「今晚湖濱舞廳有精采表演，千萬別錯過啊！」

來湖邊遊玩的常客中，有一對姓佛萊明的姊妹花，名叫伊莎爾和梅貝爾。她們老家在伊利諾州梅爾羅斯鎮，每逢夏天就會到父母的旅館來幫忙，剛好就在帕帕湖另一頭，與湖濱飯店相望。她們的父親在芝加哥當工程師，偶爾才會來這裡；母親則負責經營飯店，還要炒菜煮飯，以及完成大部分家務事，給人活力十足之感。這對姊妹傍晚時會划木舟到舞廳來，跟我們一起玩。當晚表演結束後，我們一行人便會跑去買漢堡或烤德國香腸來吃，有時會在月光下划著木舟。

我和伊莎爾幾乎一開始便是一對。那年夏天結束後，我們倆漸漸對彼此萌生愛意。

我的下一份工作是在芝加哥金融區擔任股價記錄員（board marker），處理的資訊是來自紐約場外交易所（New York Curb），即現今的美國證券交易所（American Stock Exchange）。我的公司名為伍斯特—湯瑪斯（Wooster-Thomas），聽來頗為響亮；我的工作內容則是判讀股票報價機，把出來的符號轉譯成價格後，再寫在黑板上，供客戶檢視。我直到後來才曉得，這間貌似頗有來頭的證券商，私下進行投機交易，到處賣出「灌水股」。

一九二〇年代初期，我父親升任西聯匯款子公司美國電報（ADT）的經理，必須調派至紐約。我實在不願意離開伊莎爾，我們原本打算盡快結婚，但我母親堅持要我也一起搬過去。我在伍斯特—湯瑪斯公司的紐約辦公室找到另一份工作，擔任收銀員，但我不喜歡這麼靜態的工作，之前在黑板上記錄股價還比較有趣。事實證明，我根本不必煩惱，因為才過了一年左右，我某天早上到公司，竟發現辦公室門口被封了起來，上頭貼了張官員公告，表示公司已破產倒閉。簡直是晴天霹靂！公司還欠我一週的薪水和休假。我本來已計畫好隔週要休假，回芝加哥探望伊莎爾，如今根本不用等了，所以我隔天立刻出發。我母親得知我要離開紐約而且不打算回來，顯得十分難過，但她也莫可奈何，況且她自己也討厭紐約這個城市。我離開後，她想方設法說服我父親，最後他終於放棄升遷，搬回芝加哥住。

一九二二年，我和伊莎爾覺得我們等夠久了，雖然我當時仍未成年，但吃了秤砣鐵了心，就是要結婚。我把此事告訴父親，他露出堅決的眼神表示：「免談！」

「什麼？」

「我說小雷啊，你現在根本別想結婚。你得先找份穩定的工作，我不是指打零工或當飯店服務生喔，而是具實質效益的正職。」

幾天後，我便開始為莉莉圖利普公司銷售紙杯。我也不知道紙杯哪一點吸引我，可能是因為給人新奇感吧。但直覺告訴我，紙杯必定會引領美國未來的消費趨勢。我父親一定也這麼認為，至少他不再反對，於是我和伊莎爾便順利結婚了。

第3章

業務之心

一九二〇年代初期，佛羅里達州傳出銷售泡水屋的新聞，堪稱美國詐欺史上最不可思議的重大案件。涉案的房仲是全美頭號狡猾的騙徒，帶領天真的遊客前往沼澤地，說服他們掏錢購買鱷魚眼中的美宅；整起事件成了紐約和芝加哥地方報紙的熱門話題，但到後來渲染過頭，許多腳踏實地的仲介亦遭受池魚之殃。這點我有深刻的體會，畢竟我曾是仲介中的翹楚。

我之所以跑去佛州，是因為冬天到了，紙杯銷售進入淡季，而做業務的只能靠夏天存下的老本；當然，工作頭幾年，我的積蓄並不多。一九二二年我剛進莉莉圖利普紙杯公司，拎著一箱樣品到處拜訪客戶，卻時常碰壁。許多移民來的餐館老闆，聽完我的推銷，都用濃濃的口音搖頭說道：「不用不用，窩油玻璃杯，鼻叫便宜啦。」我的主要客戶還是以汽水飲料店為主，畢竟每天洗杯子實在太麻煩了，而且只要以熱水消毒玻璃杯，都會弄得煙霧瀰漫；一旦改用紙杯，問題就迎刃而解，不但衛生乾淨，客人外帶也不用還杯子，更沒有摔破或耗損的風險。這些都成為我推銷紙杯的主要賣點。儘管我還是新手，但已察覺紙杯的商機無窮，只要擺脫傳統包袱，便有機會成功。但這絕非易事，我每天從清晨五點工作到下午五點，在負責的地區內挨家挨戶拜訪，要不是傍晚六點還有另一份兼差，即在橡樹園鎮WGES電台演奏鋼琴，我應該會忙到更晚；錄音室位於鎮上的亞姆斯飯店（Arms Hotel），距離我和伊莎爾住的二樓公寓只有兩個路口。

我和駐台鋼琴手哈利・索斯尼克（Harry Sosnik）搭檔，組成「鋼琴二人組」，聽眾透過耳機便可收聽我們的演奏。我們愈來愈受歡迎，一些樂譜封面開始出現我倆的照片；哈利離開電台後，跑去擔任知名交響樂團康福雷（Zez Confrey）的鋼琴師，他還演奏過康福雷紅極一時的作品〈琴鍵上的貓咪〉（Kitten on the Keys）。後來，哈利成立自己的交響樂團，同樣十分成功，常於電台流行音樂節目中播送。而我則在WGES電台升任駐台鋼琴手，等於接下兩份全職工作：每天必須準時於傍晚六點趕到電台，演奏兩小時後，八點到十點休息，再回去工作到凌晨兩點；早上七點或七點十五分又要出門，提著樣品箱到處推銷紙杯。唯一的休假日是星期天，但下午還要到電台錄製節目。不過，電台在週一的晚上並沒有排節目，亦即所謂的寧靜之夜。但我星期一通常會幫播音員休・馬紹爾（Hugh Marshall）伴奏。每逢冬季月份，我有時會因路況不佳被困在車陣中，所以晚兩分鐘抵達電台，一進錄音室，就會看到馬紹爾對著麥克風東拉西扯，設法拖延時間，並且揮著拳頭怒瞪著我。我則快速脫下大衣和圍巾，連防水鞋套都來不及脫，就一邊讀著樂譜，一邊彈起前奏。

偶爾會有我不認識的女歌手受訪，但此時就算歌曲陌生而且完全沒練習過，我還是得為她伴奏。通常在這時候，我既不了解歌手的風格，也不熟悉她的節奏，只好佯裝鎮定，硬著頭皮上場。說也奇怪，結果居然出奇的好。一到休息時間，我便衝進洗手間，脫下鞋套，往臉上潑些冷水，洗洗手；這樣就能恢復精神，繼續活力充沛地演奏至八點，然後迅速回家吃飯，休息約一小時，再接晚上十點至凌晨兩點的班，這段時間以活潑音樂為主，我很樂在其中，但到了節目收播之時，我早已筋疲力盡。回到家，我邊爬樓梯邊脫起衣服，頭一沾枕立即入睡。

我在電台除了演奏外，還得招募有特殊才藝的人來開新節目。某天傍晚，兩位自稱山姆和亨利的人前來面試。他們表演了一段拿手好戲，涵蓋唱歌和搞笑脫口秀。歌唱得不堪入耳，但笑話倒講得不錯，於是我決定雇用他們，酬勞為每則笑話五美元。他們不斷琢磨自己的角色，求新求變，發展出南方黑人的對話特色，頗受聽眾喜愛。這一對搭檔成了演藝圈的傳奇人物，後來改名為大家熟知的「阿莫斯和安迪」（Amos and Andy）。我在WGES電台期間，還跟另一對藝人合作過，即傑克小子（Little Jack Little）和湯米・馬利（Tommy Malie），那時也只付他們微薄的酬勞。傑克的鋼琴演奏風格獨樹一幟，吸引了許多樂迷，後來創立了一個知名舞曲樂團。湯米則極具歌唱天賦，創作許多舞曲，歌詞抒情動人，包括〈嫉妒〉（Jealous）和〈玫瑰色眼鏡中的世界〉（Looking at the World Through Rose-Colored Glasses）等；他的歌曲往往真情流露，或許因為他生來雙臂殘缺，手肘以下空空如也。湯米原本可以憑著音樂創作的收入，過著衣食無虞的生活，可惜最後成了身無分文的酒鬼。

伊莎爾不時會抱怨我花太多時間工作。回想起來，我那時確實委屈她了。但這實在是我胸懷抱負所致，一分鐘都不願意浪費。我一心想過得豐衣足食，希望物質生活不虞匱乏，唯有兼兩份工作才可能辦到。我曾仔細研究當地報紙刊登的廣告，尋找高級住宅區的售屋消息，包括河森（River Forest）、欣斯戴爾（Hinsdale）和威頓（Wheaton）等地。我會抓準拍賣時間，以極低價格買下高雅的二手家具。

我後來爭取到星期六晚上不用去電台上班，每週終於有一晚可以留給我跟伊莎爾。但是我仍得進紙杯公司上半天班，離開時剛好領薪水支票。回家路上，我會到銀行將其兌現，把大部分的錢存進戶頭，其他則留作家用和額外支出。伊莎爾會提早準備晚餐，飯後我們會換上一身高級行頭，搭乘電車前往芝加哥市中心看戲，例如「齊格菲歌舞劇」（Ziegfeld Follies）、「喬治・懷特醜聞錄」（George White's Scandals）等正統劇目，只是坐在樓上一美元的窮人票區。看完戲後，我們會散步至亨利奇餐廳（Henrici's）喝杯咖啡，回家的路上再買份星期天的報紙。

從許多層面來看，那個年代實在相當美好。眾多金融鉅子和企業大亨，就像是馬利的歌中所描述的，戴著玫瑰色眼鏡看世界，只望見一片榮景。就連時任商務部長的赫伯特・胡佛（Herbert Hoover）等大人物都相信，美國經濟將長久不衰，誰會有異議呢？而我學會凡事先擬定計畫，再徹底執行，因此紙杯的業績不斷成長，信心也隨之增加。**我發現客戶較喜歡開門見山的推銷方式：只要我介紹完產品直接詢問購買意願，不繼續拐彎抹角，他們就會立即下訂單。**我見過太多業務員介紹得天花亂墜，也說服了客戶，卻不知道閉嘴的時機。我只要注意到對方坐立難安、偷瞄手錶、望向窗外或翻閱桌上報紙，就會馬上停止說明，直接詢問是否願意下訂單。小熊隊於夏季回芝加哥比賽時，我會分配好工作時間，在比賽開始前抵達球場。比爾・維克（Bill Veeck）是我的客戶之一，他是個年輕氣盛的小伙子，幫父親在球場內經營零食攤位。我滿欣賞這小子，但老擔心他那傲慢的脾氣遲早會惹上麻煩；多年來，我對他的看法未曾改變。比爾其實做起事來相當積極，但我曾多次看見他躺在花生袋上打盹。我勸他勤快點，應該去叫賣花生，而不是把袋子當床墊用。在那個年代，棒球比賽進行得快多了，我可以悠閒坐在露天看台，一邊曬太陽，一邊看完九局賽事，球賽結束後，仍有一兩個小時可以做生意；如今，球賽能在天黑前結束已屬難得一見。此外，二〇年代的棒球賽好看極了，正如作家羅傑・卡恩（Roger Kahn）所說：「……球技與年齡成負相關；一個人的年紀愈大，年輕時的球技就愈好，這可是許多人淚光閃閃的回憶。」觀眾熱情支持的那些球員也是如此。我仍記得當年瑞格利球場（Wrigley Field）上，哈克・威爾森（Hack Wilson）站在本壘板上的姿勢，以及貝比・魯斯（Babe Ruth）向投手查理・魯特（Charlie Root）預告擊出全壘打。我為了看那場比賽，凌晨兩點就開著我的福特A型老爺車到球場排隊買票。當時天寒地凍，許多人在水溝生起火來，灌著烈酒取暖。起初他們好心傳來酒瓶，我還婉拒，但最後仍忍不住喝了一兩口。天亮後，漸漸暖和起來，但那群人似乎還沒喝過癮。球賽進行時，我從露天看台向下望，只見他們醉得東倒西歪，早已不省人事，我猜他們什麼都沒看到。而魯斯預告全壘打的當下，我確實有看到他的手在比劃，但並沒有出聲預告，那全是體育記者的憑空杜撰。

我的女兒瑪麗蓮於一九二四年十月出生，經濟負擔自然加重，促使我加倍認真工作。那年冬天，紙杯生意卻特別不好，除了醫院和診所，客戶訂單幾無成長，偏偏我又沒有醫院或診所的客戶。我的業績差強人意，因為我向來以客為尊；若汽水業者的生意也因寒冬而下滑，我就不會強迫他們下單，畢竟他們並不需要紙杯。我的理念在於幫助客戶，所以若產品無法幫助他們改善營收，我便沒有盡到責任。當時我每週照樣領三十五美元，但公司卻等於是賠錢付我薪水，實在讓我無地自容，於是發誓今後絕不能重蹈覆徹。

一九二五年春天，我的業務生涯開始有長足進展。芝加哥南區有間名叫「華特．鮑爾斯」（Walter Powers）的德國餐廳，經理是一位普魯士軍官，名叫比特納。每次他總是先客氣聽完我的推銷，禮貌說道：「不需要，謝謝。」然後請我離開。某天，我又來到這家餐廳，看到後門外停了部閃亮的豪華轎車。我欽羨地打量這部車的同時，一位男士走出餐廳，向我走來。

「喜歡這部車嗎？」他問。

「很喜歡。您就是鮑爾斯先生對吧？」我說。

他點點頭，我繼續說道：「鮑爾斯先生，如果哪天我有幸能買下這款車，您一定是什麼都不缺了。」

我們又聊了好一陣子，話題都繞著汽車打轉。我提到自己曾坐過斯圖茲經典跑車，他也認為那是人生一大快事。大約閒聊了半個小時，他才問我此行的目的，我也照實回答。「我們向你買了嗎？」他問道，我搖了搖頭。他接著說道：「那就再接再勵吧。比特納先生脾氣雖硬，但都就事論事。只要你夠努力，他會給你機會的。」

幾個星期後，我接到比特納的第一筆訂單，數量驚人；之後他便都向我訂購紙杯。其他客戶的訂單也逐漸成長，公司還幫我加薪，肯定我的努力，再加上演奏的收入，於是那年八月，我買了一台全新的福特T型車，而且是現金付清，十足波西米亞人的風格。在此之前，我便讀到不少報導，都提到佛羅里達州商機蓬勃，報上的漫畫甚至把它和一八四九年淘金熱相提並論。我成功說服伊莎爾跟我去佛州過冬，不過前提是她妹妹梅貝爾得一起去。我當然沒意見，只覺得人多熱鬧也好。

想當然爾，紙杯公司的主管們十分樂意讓我放五個月長假。我也通知了所有客戶，表示接下來五個月我不會拜訪，但保證會及時回來，以準備明年夏天的紙杯存貨。我和伊莎爾寄放好家具，就開著新買的T型車，沿著迪克西公路向南走。這趟旅途真是令人難忘。

我們離開芝加哥時，車上裝了五個全新輪胎；抵達邁阿密時，全部輪胎都換過了，平均開不到三十公里就爆一次胎。爆胎時，我只得用千斤頂把車抬起，卸下輪子，修補不中用的內胎；有時補胎或打氣到一半，另一個輪胎「砰」一聲也爆了。當然，這些道路本身就年久失修，橫貫喬治亞州的紅土路更是難走。有一回，我們開到土壤流失的路段，前方道路突然消失，卻出現了爛泥坑。我只好讓伊莎爾把女兒放在大腿上，再控制好方向盤，而我和她妹妹則在後面推車，膝蓋以下都浸在紅泥裡。我們的模樣相當狼狽，一群光著腳丫、衣服破爛的孩子卻在一旁看熱鬧。我們好不容易離開那個路段後，我知道如今再大的險阻都難不倒我們了。

邁阿密到處都是渴望致富的人，我們不過想找個旅館歇息都處處碰壁。最後，我們在城中找到一棟大房子，在廚房和茶水間裡，共放了一張雙人床、一張單人床、一張桌子和幾張椅子；屋內各處都可見摺疊床，供男性房客使用，而浴室只有一間，得跟他們共用。至少，我們暫時有了落腳處。而且真要謝天謝地，伊莎爾竟然毫無怨言。但這只是開始而已，之後生活對她而言愈來愈難適應，加上妹妹後來找到一份秘書的工作，租了間公寓，就自力更生去了。我在摩朗兄弟公司（W. F. Morang & Son）也找到一份工作，推銷勞德岱堡（Fort Lauderdale）的房地產，開發案正好沿著拉斯奧拉斯大道（Las Olas Boulevard）。這工作實在太棒了，房地產正旺的傳聞果然不假。公司共有二十輛哈德森七人座轎車，業績前二十名的仲介一人一輛，若是業務所需，還有司機專門接送。這根本是為我量身打造，我也迅速達到目標。我特地跑到邁阿密商會，搜尋來自芝加哥的遊客名單，一一親自致電，主動說明這個優質建案，應該趁房地產炒得火熱時好好把握，讓他們都好奇不已。於是我便開車載著他們，沿著A－1－A公路前往勞德代堡，親眼見識全新的「內陸航道」。

這塊地原本低於水平面，但下方是層堅硬的珊瑚岩，而先前由於挖浚航道，整塊地跟著抬升，因而高過水平面，具長久穩固的基座。雖然這塊地在那時簡直是天價，但當初購買的人真的賺到了，如今這裡有全佛州數一數二的美景，地價也跟著水漲船高，翻了好幾倍。

我的工作是找出潛在買家，帶他們到現場，交給我們稱作「話術高手」的業務引領他們參觀。我們一群人則跟在後面，只要發現某對夫妻看似動心了，就示意「結案高手」接近，將目標帶到一旁單獨交談。買主只需付五百美元的訂金就算成交，買下一塊夢想中的家園。我每回帶去的客人中，掏錢付訂金的不在少數。由於客人多半年紀較長，我那張二十三歲的臉孔感覺不經世事，因此我決定開始蓄起八字鬍。哪知道根本是一場慘劇。多數男人的嘴唇周圍有條分界，不會長出鬍子，但我偏偏與眾不同，鬍子逕自往我嘴巴長去；更糟的是，顏色還是難看的紅褐色。伊莎爾嫌棄到不行，我自己也不太中意。但這鬍子也沒留多久，因為北方報紙開始大篇幅踢爆買地詐欺事件，房地產的熱潮很快跟著退去，我也毋需擔心自己在客人面前的樣貌了。這不啻是個重大打擊，我推銷房地產的功夫才有些長進，所有生意卻在一夕之間蒸發了。

某日早上，我坐在分租公寓的客廳，隨意彈琴那台破舊的直立式鋼琴，苦惱下一步的出路。我認真考慮要回芝加哥，繼續之前在電台和紙杯公司的工作。我沉浸在思緒之中，壓根沒注意紗門外有人在叫我。我開門讓他進來後，他便問我是否有興趣接份彈鋼琴的工作。

「這還用問嗎？」我爽快答應。

他問我有無燕尾服；我當然沒有，他便答應讓我穿深藍色的西裝湊和湊和。我回家路上可以順便買個黑色領結，不過還要看對方是否願意接受芝加哥音樂協會的會員證，進而發給我邁阿密當地的演奏許可證，否則都是白搭。我先在協會考官面前視奏，之後考官請我彈我沒聽過的曲子，還要一邊視奏，一邊移調。當時我心一沉，覺得他故意為難我，完全沒打算給我許可證。

「不好意思，我雖然會移調，但必須是熟悉的曲子，如果視奏陌生曲子的同時還要移調，我可能難以兼顧節奏。」我老實說道。

「沒關係，我只是想看你會不會而已。」

「好吧，那我就直接憑感覺彈囉。」

我勉強地彈了兩個小節，他便要我停下來，請我到大廳後方。我沮喪地瞄了一眼那個帶我來的小伙子，便跟著考官走出去。沒想到他竟然開了張許可證遞給我，讓我放下心中的大石。

「手續費共五美元。」語畢，他大概注意到我面色蒼白，便又說道：「嘿，開心點嘛。你表現得不錯，移調都很準確，完全符合要求。」

我們走出大樓，看到佛州的天空又亮了起來，我此刻的心情也格外輕鬆。

這份工作是位於棕櫚島上一家名叫「靜夜」（The Silent Night）的時髦夜店，演出的夥伴是威勒・羅賓森樂團（Willard Robinson Orchestra）。羅賓森也彈得一手好琴，但私生活面臨不少問題，還有酗酒的毛病。由於他演奏時屢次從琴椅上摔下來，因此店經理便表示樂團仍由他指揮，但必須另外請一位鋼琴手。他不但離過婚，還被迫賣掉長島的房子（他紅極一時的歌曲〈小屋待售〉便是緬懷此事），只得藉酒澆愁，凡此種種，當然都促成我得到這份工作。固然此失彼得，禍福相倚，但我心底還是有些內疚，這份工作雖來得是時候，威勒卻成了犧牲品。幾年後，聽聞他在紐約東山再起，我打從心底替他高興。他組成的深河樂團（Deep River Orchestra）曾於知名廣播節目「麥斯威爾歡樂秀」（Maxwell House Showboat）演出，從此於全美打響名號。

我們在「靜夜」的表演頗受歡迎。不久後，我的平均週薪達到一百一十美元，這在當時算是相當可觀。我們家終於可以離開那間分租公寓，搬進一棟全新大樓中的三房公寓，裝潢一應俱全。

我在「靜夜」演奏的首晚，實在令我印象深刻。這家夜店不僅裝潢美輪美奐、奢華富麗，還暗中經營不法活動：老闆從巴哈馬輸運私酒進來。夜店的四周圍著籬笆，入口站著一名警衛，負責過濾客人。我還聽說，門口有兩個按鈕，警衛在開門放行之前，會按下其中一個；兩個按鈕功能不同，一個通知經理迎接客人，另一個則啟動警報，表示國稅局專員來訪。警衛會盡量拖延時間，等專員進入夜店後，已無任何販售私酒的線索，只剩下客人桌上的少數酒精飲料。若他們連這些飲料都要查扣，老闆便會據理力爭，質疑到底法律禁止賣酒還是禁止喝酒。

我們的表演舞台在一座洛可可式的亭子裡，雕飾精細繁複。舞池由大理石鋪成，四周矗立古希臘風格的柱子。一名樂團成員指著碼頭旁的遊艇說，它曾是日本天皇所御用；天候不佳時，宴飲與舞會便移至遊艇內舉行。如此環境讓我深受震撼，而賓客皆為文人雅士，亦使我不禁畏縮起來。這裡的酒類都是每杯一美元，包括香檳、白蘭地、波本、蘇格蘭威士忌等應有盡有。當時的我滴酒不沾，但酒類價格一致、餐飲服務簡約時尚，我到現在仍記憶猶新。他們並沒有印製菜單，因為只有三道主菜：緬因州龍蝦、牛排與烤乳鴨。多年後，我將此精神體現於麥當勞的第一條座右銘：KISS（Keep It Simple, Stupid），亦即「簡單明瞭，傻瓜都了」。

同樣吸引我的是，瑞士侍者提供的周到服務：他們將烤乳鴨用木盤端出，當著客人的面削成薄片，技術之熟練，有如魔術師從帽中變出兔子，專業程度令人讚嘆。

然而，當晚我無暇好好觀察周遭一切，必須不斷彈琴。到了休息時間，樂團其他人紛紛離開舞台，羅賓森把一頂絲質高帽放在琴上，要我繼續幫想唱歌的賓客伴奏。賓客邊唱邊往帽子丟小費，我的心情大好，但後來才發現，這些小費必須和樂團成員均分。這實在很不公平，我得知後簡直氣炸了，但這早已是不成文的規定，我也莫可奈何，如果我想保住飯碗，就只能忍氣吞聲。我愈彈愈大力，但由於平時沒練得這麼勤快，手指因而隱隱作痛；我暗中發誓，一定要想個法子，不能任由樂團宰割。

那晚，我想不到任何辦法，而過了一星期，我仍沒半點頭緒，畢竟我每晚都擔心自己能否撐過去；回到家後，手指往往腫脹不已，都快破皮流血了，我只得把手泡在溫水裡緩解疼痛。某晚，羅賓森還算清醒而且心情不錯，我乘機向他攤牌。

「羅賓森先生，我覺得自己根本是個冤大頭。你負責在休息時間彈琴的時候，就沒這個問題。你是這裡的明星，客人都是來看你表演，給你的小費也很可觀，就算和團員均分也綽綽有餘，況且你還有另外領團長的酬勞。但我只是新進團員，工作量比其他人多出許多，卻沒有任何額外的酬勞。」

他眼神渙散地看著我，瞇起雙眼，想把我看個清楚，然後說：「算你衰囉，小鬼。你自己要放聰明點，去學笛子之類的才藝吧。」

我後來確實學聰明了，但並不是採用他的建議。某天晚上，我跟平常一樣獨奏，接受客人點歌。某個在賽馬大贏一筆的老頭走進店來，身旁跟著一個女孩，年紀小到當他孫女還差不多。他們搖頭晃腦地跳著舞，臉貼臉，逐漸往鋼琴靠近。老頭揮舞手中的一元美鈔，問我是否會彈「I Love You Truly」[1]這首歌。我盯著他瞧，搖了搖頭。他沒料到會被拒絕，不知所措起來，那女孩拍了他拿鈔票的手，一元美鈔就這樣落入高帽中，對他喊道：「一塊錢也太瞧不起人了，你這個小器鬼！」然後便從他胸前口袋厚厚的錢袋中，抽出一張二十元美鈔，丟到我大腿上。「請稍等一下，您剛才點播『I Love You Truly』對吧？」我說完便彈了前幾個小節，只是斷斷續續，裝作努力回想的樣子。他用力點了點頭，我便接下去彈奏，而且愈彈愈起勁。不知樂團其他人是否有注意到我多拿小費，但反正也沒人表示意見。自此以後，這便成了不成文的規矩，想點歌的客人都會額外付些小費給鋼琴手。

我後來想到更高明的辦法：找來小提琴手在休息時合奏。我在台上彈琴，他在台下邊

1 西方常用於婚禮上的經典名曲。

拉琴邊穿梭於桌子間，深情款款地直接對客人演奏。我們得到的小費因而多了一倍，大幅提升了每週酬勞。

某晚，國稅局人員用計智取了夜店警衛，結果所有人都進了看守所。我真的是無地自容，若父母知道我被關起來，誤以為我跟賣私酒的人同夥，一定會跟我斷絕關係。雖然我們三個小時後就被釋放，但這堪稱我人生中最煎熬的一百八十分鐘！

這件事讓伊莎爾很不高興。我們當時收入不錯，而她也很喜歡那間公寓，但她的思鄉之情與日俱增。以前在芝加哥時，我雖然也沒日沒夜地工作，但她至少有家人好友相伴，不至於感到寂寞；如今到了邁阿密，親友不在身邊，她妹妹又常常約會或忙於工作，兩人難得相聚。當地氣候再怎麼溫暖，對她而言也比不上人情溫暖。最後，我們決定搬回芝加哥。當時公寓租約到三月一日，但伊莎爾等不及了，我便在二月中送她和女兒上火車，自己留下來過完最後兩星期，同時也給樂團一個緩衝期另外徵人。

獨自開車返鄉真是難忘的經驗。一路上，我只有偶爾把車停在路旁小睡，其他時間都在趕路。車子愈往北開，天氣愈冷，我卻連件防寒大衣都沒有。我開到芝加哥南郊附近時，路面已結了層冰；就在經過六十三號公路與西部公路交界處，我的車子突然打滑，衝到對向車道的路肩才停下來。一名壯碩的員警立即趕過來，嘴裡飆著髒話，看到我身穿輕薄西裝外套不斷發抖，還對我大吼：「搞什麼鬼，你該不會酒駕吧？」我很怕再被抓去關幾個小時，但向警察解釋我的困境後，他便讓我走了。他跟大部分芝加哥人一樣，都認為佛州房地產醜聞中那些冤大頭，根本就是大傻瓜，但他至少會有點同情，不會嘲弄他們。

返家當晚，我頭一回發現見到父母是這麼開心的事。伊莎爾不但準備了熱湯，還幫我暖好了被，我填飽肚子後，便整整睡了十五個小時。

事實證明，我離開得正是時候。房地產泡沫破滅後，景氣隨之下滑，逐漸也影響到「靜夜」，沒多久它就關門大吉了。時光荏苒，棕櫚島偶爾還會在新聞中出現。黑道大哥艾爾・卡彭（Al Capone）曾在那兒蓋了棟房子；美國首位女主播芭芭拉・華特絲（Barbara Walters）的父親也在那兒開了夜店「拉丁區」。我再次來到佛羅里達，已是很久以後的事了。

第4章

提高營業額

一九二七至一九三七年間，可說是決定紙杯產業命運的十年。生意持續成長固然令人開心，但如果我事先知道得面對傷心夢碎的結局，可能就會轉換跑道了。

我回芝加哥銷售紙杯後，決定從此要心無旁鶩，以這份工作養家活口，不要再跑去兼差了，彈鋼琴也當作興趣就好。我要把所有精力拿來銷售紙杯，而我也確實做到了。

我當時的老闆約翰．克拉克（John Clark）是典型的商人，精明幹練，一眼就可看出誰是業務高手。多年來，我一直沒看清這個魔鬼的真面目，後來還傻傻地讓他成為多功能攪拌機的最大股東，他當時想必得意極了吧。克拉克那時是「免洗杯供應服務公司」（Sanitary Cup and Service Corporation）的總裁，最大股東是紐約的柯伊（Coue）兄弟；這家公司在中西部獨家經銷莉莉圖利普的紙杯，並委由「公共服務紙杯公司」（Public Service Cup Compny）製造。紙杯分為不同尺寸，最小約一盎司1，最大十六盎司，由今日標準來看其實過於簡陋。大紙杯得經過打褶、塗石蠟等增加硬度的程序，才能盛裝液體，而杯緣則顯得軟趴趴的。

我的銷售足跡遍布芝加哥，賣出許多小紙杯給義大利裔的手推車小販，供其裝不同口味的冰，一盎司賣一美分，兩盎司賣兩美分，依此類推；他們把它取名為「擠擠冰杯」，因為顧客得從紙杯底部把冰擠上來舔。我還把紙杯銷售至各地賣汽水零食的攤販，包括林肯公園、布魯克菲爾德動物園、海灘、賽馬場，當然還有各大棒球場。我常去煩在瑞格利球場工作的比爾．維克，試著說服他增加紙杯存貨，好為小熊隊的比賽做準備。比爾當年不大注重促銷這檔事，但後來他自己當了球隊老闆，就像變了個人似的。我時常在找尋新市場，而竟在意想不到之處覓得商機。舉例來說，義大利糕餅店會買「寬矮型」紙杯，來裝義式糕點或傳統冰淇淋，每逢大型野餐活動、婚禮和宗教節日，更是會大量進貨。我還發現，隆德爾（Lawndale）一帶的波蘭人也會買這種尺寸的紙杯，當作西梅醬的容器，波蘭人特別愛吃這點心。

一九二〇年代後期，美國儼然成了冰淇淋盛行的國家，一部分是因為當時的禁酒令。許多飯店酒吧或高級餐廳無法再賣酒精飲料，於是紛紛賣起冰淇淋，而全美的冰店亦如雨後春筍般出現。那個年代發生許多大事。凡事嚴謹的當時總統卡爾．柯立芝（Cal Coolidge）要全美人民放心，財政自律政策將帶來永久繁榮，並選擇在南達科塔州的黑丘過暑假，還

1　等於二九．五七毫升。

身穿牛仔服歡慶美國國慶日；貝比．魯斯與洋基簽下三年合約，年薪高達七萬美元；飛行員林白（Lindbergh）成功地從紐約橫跨大西洋飛至巴黎。歌手艾爾．喬森（Al Jolson）在史上頭幾部有聲電影中高歌。最令人驚喜的是，芝加哥小熊隊於一九二九年贏得大聯盟冠軍！

於此同時，紙容器產業也發生重大變革。紐約一家乳品商推出一種裝牛奶的紙罐名為Sealcone，但它沒有蓋子，所以家庭主婦得另外拿剪刀剪開封口，因此未能完全取代玻璃瓶。但是這種以石臘固化赤松纖維的生產技術，獲莉莉圖利普紙杯製造商所採用；一九二九年該公司與莉莉圖利普合併之後，紙杯杯面更加堅固，用途也更為廣泛。我也得以開拓市場，推銷紙杯給咖啡商和乳酪包裝商。兩公司的合併是喜事一樁，象徵紙杯產業向前大步邁進。然而，這一年也發生讓人聞之色變的事件，亦即股市大崩盤，使得全國經濟大幅倒退，開啟史上著名的「大蕭條」時期。

我父親就是這場經濟災難下的受害者。一九二三年，他為了讓我母親開心，放棄紐約的升遷機會回到芝加哥，自此開始從事房地產投機事業，以排解心中鬱悶之情。當時，房地產可說是全國通膨現象中，膨脹得最快的泡沫。二〇年代後期，報章雜誌充斥著各種函授課程，號稱只要學會投資房地產，保證快速致富。我父親根本不用上這些課，他在伊利諾州東北部擁有不少房地產；我還記得，他曾在橡樹園鎮麥迪遜街口買了塊地，一個月後便高價賣給一家汽車經銷商，因而大賺一筆。然而最驚人的紀錄是他曾在伯溫市（Berwyn）以六千美元買下一塊地，沒多久竟以一萬八千美元賣出！

父親選地的眼光精準，彷彿能點石成金。不過，他忙著到處投資，持有的土地愈來愈多，卻跟我們多數人一樣，未能留意市場搖搖欲墜的警訊。市場崩盤時，父親一敗塗地，空有一堆賣不出去的地契；而房產價值大跌，不足以償還借貸，這對於向來固執、生性保守的他來說，實在是難以承受的打擊。一九三〇年，父親因腦溢血去世，想必是憂慮過度所致；他過世那天，桌上放著兩份文件，一份是他最後一次在電報公司所領薪資，另一份則是債務人扣押薪資的通知單。

父親的遺物中，還有一份一九〇六年的泛黃文件；這是一份顱相學家所寫的報告，他在我四歲時幫我看過相。報告指出，我未來可能會成為廚師，從事餐飲服務業。他的預言實在令我佩服，畢竟我的工作確實和餐飲服務相關，我也對廚房事務十分感興趣。不過我那時並不曉得，這個預言最後竟然會完全應驗。

一九三〇年，我敲定了一筆生意，不僅提升了莉莉圖利普紙杯公司的業績，也讓我窺見拓展紙杯市場的新方向。當時，我把經過打褶處理的「舒芙蕾」紙杯賣給沃格林藥妝公司（Walgreen Drug Company）；他們正在積極擴張分店，打算把這些紙杯放在汽水販賣區，用來盛裝食物沾醬。某天中午，我觀察著汽水販賣區的人潮，發現一個絕佳商機。若他們購進我們公司的新款紙杯，就可以讓苦苦排隊的客人外帶飲料或奶昔。那時沃格林總公司位於第四十三街和波文大道交叉口，而街上就有一家旗下的藥妝店。我向店經理麥可．納馬拉提出建議，他卻搖搖頭，打斷我的說明，並抗議道：「你瘋了不成？還是你以為我瘋了？客人在店內喝飲料，都一樣是十五美分，那我幹嘛特地花一點五美分買紙杯？這不就少賺了嗎？」

「你的銷量會增加啊。你可以在櫃台挪出一個外帶區，加上杯蓋，再把附贈的香草餅乾等點心，統統放進袋內給客人帶走。」我解釋道。

麥可聽到這番話，滿臉漲紅，大翻白眼，好像當我在瘋言瘋語。「你給我聽清楚，我如果真的多了這些額外支出，不就更不可能獲利了嗎？你竟然還要收銀員浪費時間幫飲料加杯蓋，再把東西放到袋子裡？想得太美了。」

我過幾天又來說服他：「麥可，你如果想增加銷量，眼下只有一個辦法，就是賣東西給不想內用的客人。**不然這麼辦吧，我送給你兩三百個紙杯，並且附上杯蓋，前提是你得依照我的建議，在店內試行一個月。**店裡那些外帶的客人，想必都會是沃格林總公司的員工，你可以自己做個市調，看看他們接受度如何。試驗期間的紙杯全部免費，不會花到你半毛錢。」

他最後總算答應了。我親自把紙杯送到店裡，跟他在汽水販賣區的一頭，準備外帶所需用品。試驗第一天就大受好評；沒過多久，麥可只要提到外帶這件事，都比我還要興奮。我們一同拜訪了沃格林採購部專員佛瑞德．斯托（Fred Stoll），並達成雙方都相當滿意的協議。對我來說，最棒的事莫過於每當沃格林開新分店，就代表新生意即將上門；此一倍數成長的概念，便是未來努力的方向。我愈來愈少去西郊追著推車小販跑，愈來愈常經營大客戶，只要成交一筆大訂單，便自動促成之後成千上萬的銷售額。我拜訪了畢崔斯乳品公司（Beatrice Creamery）、斯威福特（Swift）與阿莫（Armour）等食品加工企業，以及有在工廠內提供餐飲服務的大公司，例如美國鋼鐵公司，我成功說服他們下訂。由於我無往不利的表現，負責推銷的區域不斷擴大，這也意味著更多商機。

某日，莉莉圖利普公司紐約總部傳來一道命令，由於景氣蕭條，因此每個人薪資都必須調降百分之十。此外，因為汽油、機油和輪胎價格下滑，所以通勤補助一律從每月五十美元調整為三十美元。

我當時是銷售經理，老闆約翰．克拉克找我進他辦公室，親自告訴我這個消息。他說：「雷，把門帶上，我得私下跟你談談。」接著就開始說他多麼感謝我努力付出、公司多麼重視我創造的產值，但我跟大家一樣，薪水和福利都必須減少；這項政策適用於公司每位員工，無人倖免。

這對我不啻是重大打擊。我在意的不是減薪，而是這讓我臉上無光。公司怎麼可以如此蠻橫對待頂尖的業務員呢？無論經濟蕭條與否，我很清楚自己為公司賺了多少錢，當下只感到一把怒火在胸口燃燒。我瞪著他，瞪了好一會，再用異常平靜的語氣說道：「對不起，我實在無法接受。」

「雷，你別無選擇。」

我只要激動起來，音調和嗓門都會不自覺提高，我當下實在是極度不爽，於是大聲喊道：「去你媽的別無選擇，老子不幹行了吧。兩個禮拜後你不會再見到我，但如果你要我今天走，我可以立刻走人。」

克拉克被我突如其來的爆怒嚇了一跳，但他仍用相當平緩的語氣說：「別這樣嘛，你冷靜點。你明明就不想離開啊，這份工作早成了你的生活重心。這可是你的人生啊！你應該留下來，和公司同事一起打拼。」

我努力想控制情緒，開始說道：「我當然知道這是我的人生……」我愈說愈大聲：「他媽的！我才不要忍受這種鳥事。景氣好的時候，公司也沒給過我什麼獎勵啊……」接著又開始咆哮：「我吞不下這口氣，真的吞不下，我竟然跟那些害公司賠錢的人有一樣的下場，你很清楚我在說哪些人，他們才是公司負擔的成本，我可是帶來創意、創造利潤的人耶。我絕不允許自己被歸類成他們那一掛的！」

「雷，聽我解釋一下，連我自己也要減薪啊。」

「隨便你，那是你家的事，要減自己去減，但我是不會接受的，絕對不會！」

我知道他內心一定焦慮不已，擔心我倆的爭吵聲穿牆而出，嚇壞外面辦公室的祕書或職員。但我管不了這麼多，他一再表示減薪是為了多數員工利益著想，共體時艱才能保住飯碗；他愈想安撫我，我就愈是火大。最讓我忍無可忍的是，他竟然說我仔細思考後，就會知道減薪是最公平的方式。

「我完全可以理解，」我邊說邊往門口走去，「但我拒絕接受，公司已經壓榨我一分一毫了，現在不過是時機差了點，就要我犧牲自己的血汗錢。抱歉，我辦不到。你甘願接受減薪百分之十隨你，我不幹了，就這麼簡單。」

我那天離開辦公室時，也把紙杯樣品箱一併帶回家。對於發生的事，我在太太面前隻字未提；她要是曉得了，肯定會大發雷霆。對她來說，我的決定是站不住腳的。我確實行事衝動又自視甚高，不過我覺得自己並沒有錯；雖然想到未來會有些不安，但我掩飾得很好，裝作什麼事都沒發生。

每天早上，我照常出門上班，攜帶著樣品箱。我都搭著電車到市中心一角，待在一家投幣式自助餐館內，一邊喝著咖啡，一邊翻閱徵人啟事，再到處去面試。

我理想中的工作不是只提供薪水而已，還要能讓我真正全心投入。但似乎什麼工作也找不到，而且往往是僧多粥少的局面，就連沉悶至極的工作都有人搶著要。過了三、四天後，我發現自己的毅力逐漸磨耗，但仍執意絕不回莉莉圖利普看人臉色。到了第四天，我一進家門，迎接我的是太太鐵青的臉。

「你跑去哪裡了？」她質問道。

「什麼叫做我跑去哪裡了？」

「克拉克先生打電話到家裡來，想知道你人在哪裡。」

「什麼意思？」

「雷，你少來了。其中一定有鬼。我告訴他，你每天早上都照常出門上班，但他卻說有四天沒見到你了。你早上不是去辦公室嗎？不然你在做什麼？發生什麼事了？」

我支吾以對，辯稱自己在忙著接「未來的訂單」，但聽起來就沒有說服力。

「反正克拉克先生說他明天一早要見到你，你會去見他吧？」她問道。

我簡直是進退兩難。我很討厭被如此逼問，便掉頭走開，但她展現蘇格蘭人的固執性格，不停追著我問，要我給她個答案，於是我轉過身跟她說明白。

「我再也忍受不了那些小器鬼了，我不幹了！」我一股腦兒地說出實話。

果然，她頓時傻住了，不可置信地睜大雙眼，接著便數落我的不是，說我背叛了她和女兒，以及我太好面子，害得家中可能從此沒了生計；她還大罵我做事不用腦，景氣這麼差，眼下找工作何其困難（我也有親身體會！）。但我堅持自己的立場，絕不妥協，我就是無法回去低聲下氣，內心百分百地抗拒。

「寶貝，」我試圖安撫她，「別擔心啦，我會找到工作的，我們還是可以過日子，大不了我回去彈鋼琴賺錢嘛。」

但我這回說錯話了，她早已受夠了晚上獨自在家，我卻在外面彈琴的日子。我深怕她會開始歇斯底里，便答應她隔天一早會去跟老闆碰面。

我一走進他的辦公室，克拉克便用防備的眼神瞧著我，大吼：「你這幾天去哪了？」

「出去找別的工作啊。我跟你說過了，我是不會再待在這了。」

「別這樣嘛，雷。把門關上，快坐下來。你離不開這裡的，你根本是天生做這行的料。承認吧，你明明就熱愛工作。」

「沒錯，我確實熱愛我的工作，但我無法忍受這種待遇，更不會為它背書。」

「這只是暫時的啦。雷，只要等景氣好轉就好了。萬一沒了收入，你撐得下去嗎？」

「我太太不這麼覺得，但我堅持到底，減薪對我是種侮辱，我絕不容許別人侮辱我。」

他走到窗邊向外望去，雙手插在口袋內，沉思了數分鐘。最後，他轉過身對我說：

「好，給我兩天仔細思考一下，你先照常上班，當作沒這回事發生，我過兩、三天再給你答覆。」

「可以，那就等你兩三天。」

第三天下午，他又找我進辦公室。

「把門帶上，坐著聊。」他說道，「好，接下來的話得絕對保密。我們想到的辦法如下：我已幫你申請特殊公費，彌補薪資百分之十的損失，其中包括每月二十美元的車資補助，這樣的話，你願意留下來嗎？」

「十分感謝，如果這樣處理，我就留下來。」我說。

離開老闆辦公室時，我覺得自己走路有風，我贏了這場仗！有了這個好消息，伊莎爾應該會高興了吧。

當然，這結果意味著我得加倍認真工作，為公司締造更多業績，這點我欣然接受。雖然克拉克沒當面跟我說，但我很清楚，久而久之，他也知道自己做了正確的決定；我們不時仍有些小磨擦，通常是因為我堅持保障客戶權益，而客戶多半十分信任我，只要我走進他們店裡，他們都面帶微笑向我打招呼，再繼續招待客人。我會去瞧瞧他們的儲藏間，檢查紙杯存貨狀況。若有需要，我會為其加訂；至於大客戶，我則保證跟我們做生意絕不會吃虧。

我甚至會告訴他們：「我覺得你們最好先囤積多點紙杯，因為價格可能快漲了；當然，一切都還沒正式公布，但是有一些風聲，漲價的機率相當高。」

克拉克發現這件事後，簡直氣炸了。但公司並無任何損失，客戶倉庫裡堆滿了以現價購進的紙杯，還可增進客戶對我們公司的好感。

那時我底下大約有十五名銷售業務員，都有極高的工作熱忱。下班後，我們會聚在一起聊聊公事，互相激盪想法，討論如何賣出更多紙杯，樂趣十足。我也樂見這些年輕人工作逐漸上軌道，並在過程中不斷成長，對我而言這便是最好的回報。我年紀其實和他們相差不遠，有些人甚至虛長我幾歲，但我就好像一家之主般帶領眾人。

後來，由於我的業績蒸蒸日上，事務員得處理太多文件，因此克拉克先生要我聘一位專任祕書。

「你說的有道理，但我希望請個男祕書。」我說道。

「你說什麼？」

「我想請男的幫忙，雖然起初成本會高些，但如果他很能幹，除了行政庶務之外，我還打算讓他經手銷售業務。有位漂亮的女祕書當然好，但考量到我交辦的工作，男的會比較合適。」

這又引發了一波你來我往的爭論與閉門會議，但我終究把他說服了。一位年輕人馬歇爾．里德（Marshall Reed）有天上門來找工作；他先前在加州唸商學院，想到芝加哥的報社工作未果，於是來我們公司。因為同事都知道我準備刊登廣告聘請男祕書，便直接要他來找我。我很欣賞里德這小子，剛見面就很誠實又坦白。

「我一分鐘可打六十個英文字、速記一百二十個字，」他面帶嚴肅地跟我說，「但這是我畢業後第一份工作，對於貴公司業務並不熟悉。」

「別擔心，我會慢慢說明，你就邊做邊學，有問題問我就對了。」

沒多久，里德就成了團隊不可或缺的一份子。而事後證明，僱用男祕書確實是正確的決定；我後來兩次住院動手術，分別治療膽囊和甲狀腺腫大，他在醫院和辦公室間奔波，我們保持密切聯繫，妥善處理公司大小事，跟我每天早上在辦公室沒什麼兩樣。

儘管經濟環境蕭條，我們的生活過得還算舒適。我買了台二手的別克轎車，價錢相當於一台全新福特A型車，我將其打蠟擦亮，看起來就跟剛出廠一樣。伊莎爾血液裡有蘇格蘭人的勤儉性格，加上我承襲自波西米亞人的精打細算，使我們的存款不斷累積，足以請一名全職女傭住在家中，酬勞每週四美元，食宿全包。我們都把她當家人看待。

我平時為人謹慎，避免給人裝腔作勢之感（我最討厭勢利鬼）。但我的個人風格多少讓辦公室員工為之欽佩，許多人便會爭相仿效。我十分重視儀表，西裝得仔細熨過，皮鞋需擦得光亮，頭髮要梳理整齊，指甲得修剪乾淨。我常說：「**外表看起來俐落，行動便跟著俐落。面對客戶時，首先得成功推銷自己，之後才容易賣出紙杯。**」我也常提供理財建議，鼓勵員工把錢花在刀口上，並要懂得未雨綢繆。

某天早上，我正在準備分派當日任務給下屬時，突然接到電話，要我去克拉克先生的辦公室。我一走進去，他沉著臉，完全不理會我禮貌的招呼。

「把門帶上，雷，我有很重要的事要跟你討論。」

我坐了下來，他往後靠在椅背上，怒視著我。

「聽說你在教業務們利用報公帳來賺錢啊。」

「對啊，確實如此。」我答道。

「出去！你給我滾！」他忽然怒不可遏。

我點點頭，小心走到門邊，手放在門把上，慢慢轉身面對他，氣氛一片凝滯，我想他也被自己的狂吼給嚇著了。

我們眼神交會，我說道：「可容我說句話嗎？」

他冷冷地點點頭。

「我是這麼跟部屬說的：你們每個人出外跑業務，都可領一筆日支費，包括住宿、交通和飲食的開銷。與其住在私人衛浴的旅館，不如利用公共澡堂，洗得一樣乾淨；搭火車時，與其選擇上鋪，不如改睡下鋪，睡眠品質一樣好，卻便宜許多；與其在高級飯店吃早餐，不如去青年旅館的自助餐廳。多吃西梅和燕麥，既有飽足感又有益健康，時時提醒自己要腳踏實地。」

說到這裡，克拉克先生已咧著嘴笑了，一副尷尬又放心的樣子。他什麼都沒說，只往上揮了揮手，表示我可以離開了。此時我覺得自己更加神氣，不過剛才遭受莫名指控，還一度萌生辭職的念頭。

但這樣動不動就和老闆起爭執，不禁讓我開始心生倦怠；要不是銷售工作帶來許多樂趣，我可能早就叫他去吃屎了吧。當時，各地區陸續冒出一些頗有意思的店家。我有位客戶是伊利諾州史特林市的工程師，名叫艾爾・普林斯（Earl Prince），他當時打算漸漸收掉冰煤的生意，並在伊利諾州大小城鎮設立冰淇淋店，取名為「普林斯堡」（Prince Castle），合夥人則是他的兒時玩伴華特・佛瑞登哈恩（Walter Fredenhagen）。店內專賣甜筒、桶裝冰淇淋和聖代，他們盛裝聖代的紙杯便是向我訂購的。我十分關注他們的動向，認為其營運模式潛力無窮。

我在密西根州戰溪市（Battle Creek）的客戶拉爾夫，蘇利文（Ralph Sullivan），在他的乳酪工廠前開了家乳品店，還發明了一種飲料，銷量驚人。拉爾夫運用冷凍牛奶製作奶昔，藉此降低其中脂肪含量。傳統奶昔的製作方式，是把約八盎司的牛奶倒入金屬容器，加入兩小球冰淇淋與香料，再置入單軸攪拌機；拉爾夫則是在一般牛奶中，加入安定劑、糖、玉米粉與少許香草精後冷凍，就成了凍牛奶，然後把四盎司的牛奶倒入金屬容器，加入四球凍牛奶，最後步驟再回歸傳統製法。結果奶昔變得更加冰涼、黏稠，廣受大家喜愛。無怪乎每逢夏季，店外排隊人潮總是絡繹不絕。在許多方面，改良版奶昔都優於一般奶昔，不但口感較為濃郁冰涼，乳脂含量也大幅減少，更容易為人體所吸收，若用餐飲服務業的說法，便是「消化率高」，不會喝了以後打嗝打個半小時。自一九三二年起，我便開始賣紙杯給拉爾夫，銷量逐年成長，後來甚至一次賣出十萬個容量十六盎司的杯子。

華特．佛瑞登哈恩於納波維爾市（Naperville）管理普林斯堡冰淇淋店的營運，此區剛好屬於我的業務範圍。我並不認識艾爾．普林斯，於是先從華特下手，努力說服他參考拉爾夫的營運模式。

「雷，你做人很實在，我也很欣賞你，但我實在沒興趣做奶昔的生意。我們的冰淇淋賣得好好的，乾淨衛生，我才不要處理一堆大罐的牛奶瓶，這樣太忙亂了。」他說道。

「華特，我真沒想到，你的眼光向來放得遠，也隨時注意乳品業的動向，怎麼會對最新的發展一無所知呢？現在有種牛奶供應器，容量近二十公斤，還具有保冰效果，打開龍頭便可取得牛奶，像生啤酒一樣。而且你在納波維爾的工廠就可以生產凍牛奶了，成本比冰淇淋低很多，利潤絕對超乎你想像。」我仔細說明。

終於，華特某天跟艾爾討論這件事，他們決定開車到芝加哥和我碰面，我再載他們到戰溪市，傍晚回來。我和艾爾簡直一見如故。他說話坦率，為人直爽。而之後有好幾年，辦公室的女員工不時都會取笑他節儉的習慣。他如此成就非凡、富甲一方，竟戴著一頂老舊帽子、穿著一身破爛衣服。他可以請所有員工去高級餐廳吃午餐，自己卻不願點餐廳的食物，反而差人去買花生醬三明治。當然，我從不覺得節儉有問題，也完全尊重此事，但他實在是走火入魔了。

在戰溪市的參訪中，艾爾和華特大開眼界，完全受到凍奶昔所吸引，迫不及待想立刻規劃自己的產品。回芝加哥的路上，大夥忙著討論如何開展奶昔銷售業務，艾爾打算把商品取名為「曠世奶昔」（One-in-a-Million）。我在一旁聽著他們七嘴八舌，靜待機會貢獻想法。

「聽起來很棒，但我想給個建議。」我最後說道。

「什麼建議？」艾爾直率問道。

「我希望你把奶昔售價訂為十二美分，不要只是十美分。」

「啥？」他倆一副難以置信的樣子。

「你們沒聽錯，售價十二美分，顧客還是會覺得物超所值，又可以提升利潤和銷量。」

「雷，我很敬重你的銷售才能，」華特溫和說道，「但你顯然和零售業脫節，顧客根本懶得多付這點零錢，零錢還要算半天，懂我意思嗎？對收銀員來說也很不方便，所以算了吧。」

說完這件事，他們便準備繼續討論「曠世奶昔」的籌辦事宜。但我不斷堅持售價應該訂為十二美分，引起好一番激辯。最後，艾爾轉頭對華特說：「他奶奶的，我一定要給他個教訓，證明他錯得多離譜！第一家店的奶昔就賣十二美分，讓他看看生意一落千丈的慘況；之後等最終配方確認，我們再全面賣十美分。」華特沒吭聲，我想他們是跟我吵累了。

根據普林斯堡的帳目，「曠世奶昔」起初售價果然是十二美分，不過價格再也沒調降過。銷售量一飛沖天，艾爾這下可開心了，早把教訓我的事拋諸腦後。頭一年，我賣給他五百萬個十六盎司紙杯，那額外的兩美分，讓他多賺進十萬美元。

如此可觀的銷量激發了艾爾的創意。普林斯堡都事先拌好奶昔，而水槽也堆滿了沖洗中的金屬罐。忙碌的時候，金屬罐簡直是供不應求。於是，艾爾利用金屬罐的上半部，發明了一個杯套：他將裁切下的金屬圓柱底部壓縮成錐狀，再置於十六盎司的紙杯上；錐狀部分沒入紙杯內，上方圓柱部分則與杯緣密合，整體高度和原本金屬罐同高，約為六點八吋[2]。他在我面前示範，將「曠世奶昔」原料倒入裝著金屬杯套的紙杯中，放到攪拌機

2 約等於十七公分。

上，結果真的行得通！

這時毋需多言，我相信一切將水到渠成，勢必會造成轟動。幾天後，我們將金屬杯套帶到莉莉圖利普的芝加哥辦公室，再向克拉克和其他主管示範一遍。他們大為驚豔，一聽到我打算將其推銷給乳品業者和汽水業者，更是興奮不已。我的方法是向店家說明，只要使用金屬杯套，搭配我們家的紙杯，就能節省成本。我會先買十杯裝滿金屬罐的奶昔，倒入紙杯給客人喝，聊聊這奶昔有多麼美味、清爽又健康。我會請服務生暫時不要收走金屬罐，先等我們喝完奶昔；想當然爾，此時金屬罐中殘留的奶昔逐漸融化。大家喝完以後，我再從樣品箱拿出十六盎司的紙杯，將每個金屬罐中呈液狀的奶昔瀝入杯中，竟然又是滿滿一杯！而實地拜訪客戶後也證實，凡是見到這個景象，店家幾乎無不心動，從此以後便淘汰了金屬罐，改採金屬杯套搭配紙杯的做法。

此一發明大幅提升了普林斯堡的銷售額，但也使得原本的單軸攪拌機不敷使用。「曠世奶昔」製程本來就頗為費工，攪拌機持續運轉後便容易燒壞。有鑑於此，艾爾遂發明了多功能攪拌機（Multimixer）。起初，此新型攪拌機原有六軸環繞著中央基座，頂部可以旋轉，方便取下奶昔；但杯子反而時常掉下來，也造成不少麻煩。因此，改良版的機型頂部固定，並減少為五軸。此攪拌機使用工業級電動馬達，馬力為原來的三分之一，屬於直接驅動，而且無碳刷可供磨損；換句話說，即便用來攪拌混凝土也不成問題。這項發明不但讓業者可以大量製作奶昔，也一舉改變了我的人生。

艾爾量產多功能攪拌機之後，我帶了一台機器回公司進行展示。克拉克簡直樂歪了，開始忙於簽約事宜，免洗杯供應服務公司成為多功能攪拌機的獨家經銷商。我實在太佩服自己了，成就不亞於飛行員林白和極地探險家皮瑞（Admiral Perry），說是英雄也不為過。

然而說也奇怪，莉莉圖利普位於紐約的總公司卻不願參與此事，還不滿地表示，各地客戶紛紛來電洽詢奶昔金屬杯套與多功能攪拌機，但總公司不屑為中西部廠商代銷攪拌機，只想好好經營紙杯生產的業務。我實在難以置信，心裡深知多功能攪拌機方興未艾，市場潛力無窮。

艾爾建議我離開莉莉圖利普公司，跟他合夥做生意。他希望由我來行銷他的發明——多功能攪拌機便是第一步，他打算給我全美獨家代理權，他負責量產機器，我則掌管應收帳款，獲利則由兩人均攤。這項提議十分吸引人，畢竟我忍受莉莉圖利普公司夠久了。當時，我手中的大客戶沃格林也快保不住了；別忘了，沃格林每年向我購買五百萬個紙杯，而我也替他們創造了大量收益。採購專員佛瑞德．斯托私下向我透露，沃格林一位極具影響力的前主管，已跟我們的競爭對手簽約，改由他們做沃格林的紙杯生意，因為其價格比我們低百分之五。我向克拉克報告此事，希望他同意提供沃格林較低的供貨價格，畢竟他們向來準時付款，而且有此大公司使用我們的商品，亦有助我們對外宣傳。結果，我竟被他臭罵一頓，他說我沒資格再當銷售員，竟然被客戶給出賣了。我聽了以後，只能強忍滿腔怒火。

伊莎爾不敢相信我竟然想辭掉工作。當時，我們剛搬到芝加哥西北郊阿靈頓高地的小社區，名叫史卡斯岱（Scarsdale），生活過得十分舒適，伊莎爾滿意極了。因此，她覺得我一辭職，生活便沒有保障，還說：「雷，你這樣根本是拿前途開玩笑；你都三十五歲了，難不成你把自己當二十歲，還可以重新開始嗎？多功能攪拌機現在雖然很受歡迎，但誰知道它會不會褪流行？」

「妳得相信我的直覺，我很肯定自己壓對寶了。況且，艾爾還會想出許許多多的行銷手法。這只是開始而已，我還希望妳來辦公室替我工作，我們一起把生意愈做愈大。」我解釋道。

「我才不要。」

「伊莎爾，我真的需要妳來幫忙，妳也知道我請不起其他人，而且這對我們兩個人都有好處，拜託，好嗎？」

她依然堅持拒絕幫忙。她或許覺得自己的理由充足，但我只覺得她辜負了我，讓我大失所望；她甚至不願暫時替我工作直到事業上軌道。那時，我才真正明白何謂「疏離」，這感覺奇差無比，一出現便摧枯拉朽，難以收拾。

失望歸失望，我並沒有因此卻步；談生意過程中，我只要心意已決，便會義無反顧向前衝。然而，我當時並沒料到，自己準備離開莉莉圖利普時，克拉克竟然機關算盡地阻撓我。這次，我一進辦公室就把門給關上，他嚴肅地看著我說：「什麼事？」

「老闆，我要辭職了，我打算去獨家代理多功能攪拌機。這對你也有好處，一來我不會再找你麻煩，二來等全國各地店家開始使用多功能攪拌機，你的紙杯銷量絕對會破紀錄。」

「雷，你別做夢了，」他對我說道，好像把我當小孩子，耐心解釋基本觀念，「合約不在你的手上，而是免洗杯供應服務公司所擁有。」

「他媽的，那你可以放棄合約啊。你一直說你不打算銷售多功能攪拌機，你也知道我說的都是實話，我絕對會幫你賣掉好幾百萬個紙杯。」

「你沒搞清楚狀況，大股東柯伊兄弟不可能放棄合約，你不曉得他們的經營手段。」

「聽清楚了，他們不想放棄也得放棄。最早是我把這機器帶來的，完全是出於我對你、對柯伊兄弟甚至對整間公司的誠信。我大可不必這麼做。如果你們當初決定銷售就另當別論，但總公司不肯，那就還給我。你不可能把機器束之高閣，小心掉下來壓死你！」

我已經盡可能壓抑激動的情緒，但克拉克知道我快爆發了，於是就說：「好，讓我跟高層談談，看看有沒有辦法解決。」

後來協商出來的方案是，多功能攪拌機的合約歸我，不過免洗杯供應服務公司持有我所設立的公司（名為「普林斯堡代銷服務」）的六成股份。這根本是極其陰險的圈套，但我當時並沒發現，只覺得這似乎是唯一的辦法，我不得不接受；而且，我需要一萬美元才能創業，其中六千美元便是由莉莉圖利普支出。但沒過多久我便發現，如此的安排有如錨鏈，緊緊纏繞我的脖子。

第5章

戰勝壓力！

天下無難事，只怕有心人。

一九七六年三月，我受邀訪問達特茅斯大學時，便是用上面這句話鼓勵一群研究生。當時他們希望我談談創業的藝術，即如何自己開拓新事業。我說道：「**創業無法憑空完成，必須勇於冒險，但我意思不是置生死於度外，那樣太瘋狂了。我的意思是，冒險是必要條件，有時候甚至得孤注一擲。你只要相信一件事：一定要全心全意投入。某種程度的風險是挑戰的一部分，也是最有趣之處。**」

一九三八年初，我帶著大型樣品箱，裝著全新的多功能攪拌機，信心滿滿地獨自出發，心想全美汽水業者和餐廳業者一定都殷殷期盼這項產品。但那不過是我的一廂情願，沒過多久，我便發現自己錯得離譜。

某店家擁有了六台單軸攪拌機，低頭瞧著我那全新的三十磅機器，直言他難以想像用同一台攪拌機來製作飲料，因為一旦機器故障，生意便會停擺，等人維修好才能開始營業。反觀若有六台獨立的機器，同時燒壞的機率極低，即便三、五台故障了，仍可以製作奶昔。這個觀點實在難以撼動。我和許多難搞的業者爭論，成功說服了一些人，但仍有不少人拒絕接受。但有足夠證據顯示市場興趣濃厚，因此我仍然對多功能攪拌機深具信心，有朝一日它絕對會熱銷。

我當時猶如一人樂隊般單打獨鬥，在芝加哥的拉塞爾瓦克（LaSalle-Wacker）大樓有間小辦公室，但我很少待在那裡。我的祕書負責管理辦公室，我則在全美各地跑業務。由於產品新穎，因此業績還不賴，我有預感機器正逐漸風行起來。但我對當初的財務配置非常不滿；免洗杯供應服務公司持有六成股份，便可以限制我的薪水，而從我離開公司後，薪水便沒有漲過。我決定兩年後，自己一定要把那六成給討回來。於是，我去向克拉克提出我的想法。這時候我才發現，自己原來被他誤導了。柯伊兄弟把股份完全交給了他，因為他們壓根不在乎多功能攪拌機，而克拉克只想從我這裡分一杯羹。我氣炸了，但我又他媽的無能為力。

「雷，我認為你賣的機器很有前景，我願意現在吃點虧，讓你實現未來目標。但如果你堅持要回股份，那我也不用客氣了，我要連本帶利要回我的投資。」他說道。

這傢伙真有臉，我和艾爾從來就沒想要拿他的臭錢。

「好吧，你要多少？」我問道。

我沒想到他竟然臉不紅氣不喘，來個獅子大開口：「六萬八千美元。」

當初的對話中，我肯定還說了其他事，但現在只記得這個金額。他無理的要求令我傻了眼，使我無法好好思考。更扯的是，他還要求我以現金支付。當然，我沒有那麼多錢，最後訂出的是最惡毒的條件：我必須支付一萬兩千元現金，餘額則連本帶利在五年內攤還；這段期間，我的薪資和差旅費維持不變。所以，我等於是把我公司的利潤統統交到他手上。

我不知道該去哪裡籌這筆錢，但我心意已決。最後，大部分的現金是靠阿靈頓高地的新家，因為我把房屋增貸，這讓伊莎爾大吃一驚。她好不容易接受我成為「多功能攪拌機先生」，現在又發現我們負債近十萬美元，想必感到衝擊過大，實在難以承受。

對我來說，這是磨練心志的第一階段，以我個人的努力為資本主義下一註腳。若以傳統封建制度來看，我是在「進貢」多年之後，打下深厚基礎，最後才得以和麥當勞一同崛起。若非遇到這般逆境，我可能就無法撐過之後更艱鉅的財務困難。我當時學會了面對問題，而非輕易屈服，並懂得一次處理一件事，而且**無論問題多嚴重，都要避免無謂的擔憂影響到睡眠**。這些都是說的比做的簡單。我有一套自我催眠的方法，好像是從一些書上看來的，我已記不清楚，但這套方法讓我睡覺時可以放鬆神經，將惱人問題阻隔於外。我很清楚若不如此，一早起來便無法神清氣爽地面對客戶。我都把自己的內心當作黑板，寫滿了各種訊息，其中多半都很緊急。我會想像一手拿著板擦，把黑板擦拭乾淨，讓腦袋完全放空；若冒出一個思緒，就在完全成形之前擦去。然後再放鬆身體，從頸後開始往下到肩膀、手臂、上半身、雙腿、腳趾尖；此時，我通常已經熟睡，過程十分迅速。許多人覺得不可思議的是，我竟可以連續工作十二至十五個小時，接待潛在客戶直到凌晨兩三點，隔天還能早起招呼別的客戶。我的祕訣在於充分利用休息時間；我每天平均睡眠時間不到六小時，有時甚至不到四小時。但我無論是睡眠或工作，都相當注重品質。

當時，歐亞緊張局勢日益升高，社會各界莫不憂心忡忡。報章雜誌紛紛提出悲觀預測，討論美日之間可能即將爆發戰爭。之後，社會焦點從日本侵略中國，轉移至納粹佔領歐洲。一九四一年十二月七日，日軍偷襲珍珠港，將美國捲入戰事，我也跟著中止了多功能攪拌機的生意，因為攪拌機的馬達需要用到銅，但是在戰爭期間，金屬的供給受到國家管制。

沒了產品的銷售員，猶如缺了琴弓的小提琴，毫無用武之地。我只好到處尋覓工作機會，後來和冰淇淋業者哈利．貝特（Harry B. Burt）達成協議，幫忙販售低脂麥芽奶粉和十六盎司紙杯，用來調配多麥健康飲（Malt-a-Plenty）；該飲料跟曠世奶昔一樣，也是在紙杯內混合食材，並使用金屬杯套。我不斷催促艾爾想出別的創新點子，但他想出來的辦法不是有違法令，就是不切實際。我勉強靠著推銷多麥健康飲來撐起家計，但償還欠克拉克的債務簡直變成一場噩夢。但我終究是付清了，二次世界大戰結束後，我重拾多功能攪拌機的銷售業務，而且不用再看人臉色，感覺美妙至極。

戰後景氣復甦，不久後甚至超越先前的水準。許多冰淇淋供應商嶄露頭角，紛紛開放加盟，我則把多功能攪拌機帶入此一方興未艾的市場，銷售到「冰雪皇后」（Dairy Queen）和「美味冰飲」（Tastee-Freeze）等冰店。我把一台攪拌機賣給威拉德・馬利特（Willard Marriott），他開了一家名叫「A&W麥根啤酒」（A&W Root Beer）的路邊餐廳，其營運模式十分吸引我。我自認對廚房有獨到的眼光，畢竟，我在銷售多功能攪拌機的過程中，進過的廚房少說有數千間。我一開始就覺得威拉德的前途不可小覷；不過，當時我們倆都沒料到，他的萬豪企業（Marriott Corporation）後來會日益茁壯，成為餐旅業中的佼佼者。那個年代，我也經常流連於酒吧，不是登門消費，而是專程去評鑑。就我來看，整個調酒產業太過平淡乏味，需要全新的飲品來活絡一下，例如添加冰淇淋，而這類飲品當然得由多功能攪拌機來調製。我最愛的調酒是白蘭地或薄荷甜酒，加上可可酒或卡魯哇咖啡酒，再搭配冰淇淋，喝起來帶有卡士達的綿密口感，可以當作餐後酒或甜點享用，我把它取名為「得利卡多」（Delacato）。伊利諾州一家知名牛排館「常春」（Evergreen），將此調酒裝在香檳杯中，可以用湯匙吃或以吸管啜飲。當然，我的創意並未就此於全美流行開來，但仍是趣味十足的嘗試。

我在銷售多功能攪拌機的旅途中，往往會參加餐飲與乳品協會舉辦的年會，包括所有全國展覽或大型的地區展覽。我會先訂十幾部的多功能攪拌機，從伊利諾州的工廠經由鐵路快運，送至每個展場。我抵達展場後，便在自己的攤位展示幾部機器，其他則置於汽水販賣機大廠的展台上，包括液碳公司（Liquid Carbonic）、堡福汽水公司（Bastion-Blessing）、宏速汽水公司（Grand Rapids Soda Fountain）等等。我每次參加展覽，展示機器都銷售一空，還有額外訂單；而我最討厭展覽最後一天到來，這意味著我得把機器重新打包，再寄送給客戶。我向來不太會使用工具，因此每次要把機器裝箱，我都狼狽不堪，邊裝邊罵髒話，弄得到處都是碎木屑、手指關節破皮。雖然再怎麼說，賣出機器就是好事，但我有時候仍默默幻想，自家產品能塞到口袋裡隨身攜帶。多功能攪拌機的樣品箱重達五十五磅，我還在底部加裝滾輪，這樣才能跟我的紅色手推車一樣，可以拉著上路。然而，我上下計程車或是爬樓梯時，仍是一件苦差事。

我根本懶得去訂定多功能攪拌機的銷售目標；我不需要任何外在誘因就能認真工作。我估計只要賣出五千台，就代表該年的業績不錯；還記得一九四八還是一九四九年時，我共賣出八千台的多功能攪拌機。

隨著銷量不斷增加，我又長時間不在辦公室，日常業務愈發龐雜，我知道自己需要人手，但又不願再多聘員工。伊莎爾不可能來幫忙，她已經清楚表明立場，而當時業績又沒好到可以再請一位員工。一九四八年暮秋，我的會計阿爾．道提（Al Doty）終於說服我再僱用一位書記員。我尊重他的判斷，畢竟這位會計也是我朋友阿爾．漢迪（Al Handy）推薦給我的；漢迪在哈里斯信託儲蓄銀行（Harris Trust & Savings Bank）工作，多年來我的帳目都交由他們處理。反正我聽從了會計的意見，在報上刊登徵人啟事。我不太記得面試了幾位小姐，但我絕對不會忘記最後錄取的女士，她外表瘦弱，但十分優秀。我們不過談了幾分鐘，我就知道，這位瓊恩．瑪汀諾（June Martino）小姐，正是我在找的人才。她穿著褪色的大衣，相當單薄，肯定無法抵禦那天拉塞爾大街的凜冽風雪，而且她看起來似乎餓了好幾餐。儘管如此，她散發出誠實又正直的氣質，具備處理問題的才能，再加上個性溫和又富同情心，這些特質集於一身，實屬難得。雖然她無記帳相關經驗，但我一點也不擔心，深信那些繁瑣業務難不倒她。我只跟她說，雖然薪水不太優渥，但只要願意勤奮工作，我保證她前途一片光明。我們一拍即合，她確實努力打拚，認真程度超乎預期；二十年內，她不但成為麥當勞企業專任祕書兼財務長，更躋身全美一流女性主管的行列。

瓊恩出身貧寒的德國家庭，住在芝加哥西北郊。她和路易斯・瑪汀諾（Louis Martino）婚後不久便爆發二戰。路易斯是西電公司（Western Electrics）的工程師，由於他負責同軸電纜的研發，對於國防通訊舉足輕重，因此公司希望幫他申請免服兵役。某日，瓊恩帶著文件前往陸軍人事處，幫路易斯辦理役別判定手續；她離開時，路易斯免受徵召的申請獲准，但她自己一時被愛國情操沖昏了頭，竟然宣誓入伍了。身為陸軍婦女隊（WAC）的一員，她獲派至西北大學主修電子，學習三角函數和微積分一類的學科。她對進階數學一竅不通，所以只能藉由密集課程加強。但她這個人從來就不怕困難，若遇到不懂的問題，就會跑到圖書館埋首苦讀、尋求答案。

瓊恩在二戰結束前生了兩個小孩；當時，她的父親和路易斯的母親雙雙病重。兩人一下就積欠了一萬四千美元債務，遂決定全家搬至威斯康辛州戴爾市附近的農場。當地房價便宜，他們覺得應可自給自足。路易斯打算去電視維修廠找份工作，行有餘力也可務農。那個年代，許多年輕夫妻都是這麼過活。對於部分人來說，或許可以求得溫飽，但像瑪汀諾一家這樣的情況，仍然無法養家糊口。由於路易斯無法離開現職去芝加哥找工作，因此瓊恩便隻身前來，暫住在朋友家，透過人力仲介公司找事情做。因緣際會下，她在那個寒冷的十二月天，走進我的辦公室。

瓊恩討喜之處在於雖然她很有生意頭腦，金錢觀卻是無比單純。她的直覺也準得不可思議，幾乎是有如神助，而她對此也深信不疑。我在她第一天上班，就見識到這個特質。那天，我請她去銀行存款；她手上剛好還有二十美分，是回家的車資。但她經過街角，看到一個救世軍樂團正在表演，她的良心無法讓她就這麼一走了之，就把那二十美分投入錢罐，再前往銀行。她再回到辦公室時，樂得手舞足蹈。

「克洛克先生，今天實在太神奇了！我有幸得到這份工作，同時今天也是我兒子的生日。當然啦，他還待在農場上，我暗自希望能買個生日禮物送給他，但覺得應該不太可能。」她繼續說道，自己把僅剩的二十美分捐給救世軍。而她離開銀行準備回辦公室時，鞋跟卡到人行道的溝蓋，她低頭想把鞋跟拔出來，卻發現腳旁有張二十元美鈔。「我回到銀行問櫃員知不知道誰掉了錢，其中一位看著我說：『小姐，我看妳就自己留著吧。』你說我是不是太好運了？」

這類事情經常發生在瓊恩身上。**我覺得有個福星高照的人在身旁也不錯，說不定我也能沾些好運。**或許真是因為這樣，隨著麥當勞企業不斷成長，員工人數與日俱增，她在公司的外號是「瑪汀諾大媽」。她了解每位員工的家庭狀況，例如誰的太太要生小孩、誰的婚姻觸礁了、誰的生日到了等等，她總是能讓辦公室充滿歡樂的氛圍。

然而一九五〇年代初期，我的生意遭遇瓶頸，想保持樂觀也難。會計阿爾曾對我說，他很喜歡和我一起吃午餐，總是能學到與自身專業相關的趨勢。他說道：「你的眼光總是放得很遠，我們都望塵莫及。」他所言不假。而我那時所看到的前景，實在令我沮喪不已：多功能攪拌機顯然大勢已去。液碳公司的主要股東捲入代理權訴訟案；新任總裁堅持繼續生產汽水，以報答服務多年的老員工，但反對派則表示汽水業務部虧損嚴重，想要加以裁撤，最終由他們勝訴。其他廠商也逐漸減產。結局已然註定，後來沃格林首次開始撤去店內的汽水販賣機，更宣告多功能攪拌機早晚會被淘汰。

凡此種種導向一個結果：我得物色新產品，最好如同十五年前多功能攪拌機剛推出時，那麼新穎又出色。我有位業務員的鄰居設計了一款摺疊式餐桌椅，相當別出心裁，似乎值得期待，勾起我的好奇心。於是我親自拜訪他家，見到餐桌椅跟熨衣皮一樣，可以摺疊入牆，大大節省了小廚房的空間。我便請路易斯．瑪汀諾幫我製作樣品，外觀看起來棒極了。雖然我仍抱持一些懷疑，但當時急欲找到新產品，好讓業務員去推銷，我便不再多想。我將其取名為「摺趣」（Fold-a-Nook），並把樣品寄至加州比佛利山莊飯店，打算在那裡推出產品。

我租下一間豪華客房，廣邀各大開發商和建商參與發表會，他們都來到現場啜飲調酒，欣賞芬芳鮮花，讚歎前菜美味；宴會本身大為成功，但「摺趣」的銷售竟一敗塗地，完全沒接到半個訂單。

即便這項產品在加州不受業者青睞，我本來仍執意去其他地方試試，但後來發現，當初向我引介摺疊桌椅的業務員，竟然瞞著我和瓊恩，跟我的祕書剽竊「摺趣」的點子。我當下就把他們開除了。結果他們回報我的方式，便是將設計如法炮製，另取產品名稱後推出。這名業務員是我在紙杯公司的老同事，我們也是高爾夫球的球友；我還曾借錢給他付房子的頭期款。所以當我得知他們最後破產時，完全無法幸災樂禍。然而，後來他打電話央求我讓他加入麥當勞團隊，我同樣聽不下去。**一名優秀的主管不會喜歡看到部屬犯錯；偶爾的無心之過尚可原諒，但欺上瞞下的情事絕不縱容。**

「摺趣」出師不利之後沒多久，我便聽到頗有意思的傳聞：在驕陽烈火的聖伯納迪諾市，有一對麥當勞兄弟，一口氣用了八台多功能攪拌機來製作奶昔。我心想：「這麼神啊，我倒要親眼瞧瞧。」於是，年過半百的我，搭了夜間航班，一路往西飛去，迎接未來的使命。

第6章

合約的陷阱

一九三〇年代初期，南加州的餐飲服務業開始流行所謂的「汽車餐館」；這類餐館其實是大蕭條下的產物，限縮了好萊塢原本荒佚不羈的生活模式。汽車餐館如雨後春筍般出現，遍布於市區停車場內、公路沿途或峽谷大道（Canyon Drive）等地。菜單上不乏燒烤牛肉、豬肉或雞肉，而同業競爭激烈，造就多元的服務類型。常可見到懷抱明星夢的女孩充當服務生，利用此機會，既可賺錢付房租，又可展現個人魅力。汽車餐館業者莫不絞盡腦汁，只為了設計出最吸睛的服務生制服；甚至有業者要女服務生穿著直排輪，端著托盤在停車場內穿梭送餐。

在如此特殊的大環境下，我遇見了領我進入漢堡產業的人生導師——麥當勞兄弟莫里斯與理查。他們兄弟倆原本住在新英格蘭，莫里斯於一九二六年搬至加州，任職於一家電影公司，專門負責舞台道具；一九二七年，理查自新罕布夏州曼徹斯特市的西區高中畢業後，也加入哥哥的行列。兩人在電影公司一起工作，包括搬場景、架燈光、開卡車等等大小事。一九三二年，他們決定自己創業，便在格蘭多拉（Glendora）買下一家老戲院。雖然生活過得拮据，但兩人很懂得善用每一分錢，有時一天只吃一餐，多半在戲院旁的攤販買條熱狗果腹。理查回想起熱狗攤的老闆，當時算是市內少數有生意的業者，或許正因如此，讓兄弟倆開始思考經營餐廳一事。

一九三七年，他們看中阿卡迪亞市（Arcadia）聖塔阿尼塔（Santa Anita）賽馬場旁的一塊地，便設法說服地主搭建一間小型汽車餐館。他們那時對餐飲業一無所知，但在一位經驗豐富的燒烤廚師提點之下，很快就上手了。兩年後，他們在鐵路小城聖伯納迪諾附近找地點，想擴大燒烤店的營運，於是向一位在美國銀行工作的貝格利先生（S. E. Bagley），申請了五千美元的貸款。

他們在聖伯納迪諾開的店就是典型的汽車餐館，生意好的不得了，尤其受到青少年喜愛。但二戰過後，麥當勞兄弟發覺若要繼續經營下去，就不能待在同一個地點。雖然顧客總是川流不息，但銷量仍然有限。因此在一九四八年，他們毅然決然收掉了原本如日中天的餐館，過一陣子才以全新的營運模式重新開幕。新餐館的服務與菜單都化繁為簡，堪稱日後各地速食餐廳的原型。**漢堡、薯條和飲料的準備流程全部生產線化**，出乎意料的是，此法竟然奏效！當然，**由於流程簡單，麥當勞便能顧及每一步驟的品管，而這就是關鍵所在**。一九五四年那天，我見證了實際流程，覺得自己好像是牛頓發現了地心吸力，但這回激發靈感的功臣是馬鈴薯。

因此，他們正愁該找誰幫忙開類似的餐館時，我才會毛遂自薦。兄弟倆先是嚇了一跳，便開始針對我的提議討論，後來愈說愈起勁。不久後，我們決定請他們的律師來草擬合約。

討論過程中，我才得知他們已授權了十家汽車餐館掛其招牌，其中兩家是在亞歷桑那州。但我對那些餐館毫無興趣；我所獲得的許可權，是可以在全美各地開放加盟，複製他們的營運模式。所有餐館必須按照他們建築師的新設計圖，並豎立「金色拱門」的招牌。當然，餐館名稱一律使用「麥當勞」（McDonald's），這點我也是百分之百支持。我直覺認為，麥當勞一詞勢必會成為行銷利器，獲得大眾喜愛。我也贊成恪遵合約一切細節，不得更動標誌和菜單。但我當時不夠謹慎，合約規定各加盟店的營運方式若有任何變更，必須以書面載明，麥當勞兄弟同意並簽名後，會再以掛號寄回。這項看似無害的規定，日後卻帶給我許多麻煩。常言道，不請律師的人是傻瓜，還真是有道理。但我完全被沖昏了頭，只想著麥當勞汽車餐館林立的畫面，以及每家店都有八台多功能攪拌機。而且，麥當勞兄弟態度坦誠又親切，討論十分融洽，也大大影響了我的判斷。我一開始便完全信任他們，豈料最後竟轉為猜忌懷疑，但當時卻渾然不覺。

依據合約內容，我可以抽取加盟業者總營收的一．九％。原本我要求二％，但麥當勞兄弟說：「這怎麼可以！如果你跟加盟業者說要抽二％，聽起來是很可觀的整數。如果是一．九％的話，感覺就不會那麼多了。」所以我也就順從其意；他們再從一．九％中，抽取〇．五％。這樣似乎還算公平，實際上亦是如此。若他們按照這套遊戲規則，抽成比例便足以讓他們享盡榮華富貴。但正如我爺爺以前常說的話：「計畫趕不上變化。」合約也提到，我得向每個加盟業者收取加盟費九百五十美元，供我用來尋找適合的店面，以及願意依設計圖蓋餐館的房東。加盟的效期皆為二十年，而我和麥當勞兄弟當初只簽了十年約，後來才展延至九十九年。

常有人問我，既然我看過了麥當勞兄弟的營運模式，為何不直接依樣畫葫蘆自己開店？畢竟要仿效他們的餐館應非難事。老實說，我真的從來沒想過。我是用銷售業務的角度來判斷，眼下有一套完整的作業流程，我可以到處宣揚其優點。而且別忘了，我的初衷是開拓多功能攪拌機的市場，不是想轉而賣漢堡。況且，麥當勞兄弟有些設備要模仿絕非易事，他們有特別的鋁製烤爐，而其他設備的配置與操作步驟都十分精準扼要。再來就是店名，我一直有股強烈的直覺，取名為麥當勞準沒錯；我不可能直接複製店名。至於其他層面，我想只能說自己那時過於憨直，完全沒想到可以毫不付錢就挪用他們的點子。

達成協議後，我雀躍不已，想立刻和人分享喜悅，所以臨時拜訪了之前我在紙杯公司的祕書馬歇爾．里德。馬歇爾於二戰期間曾在陸軍服役，戰後短暫回去銷售紙杯，但隨後與一位有錢的寡婦結婚，選擇在加州度過退休生活。一如往常，他很高興見到我，我們興味盎然地聊起我的新事業。由於我當時一頭熱，他不願掃我的興，因此多年後才說出他的真實想法：「我那時覺得你好像變糊塗了……心想，這難道是男性更年期的症狀嗎？……為什麼普林斯堡代銷公司的堂堂總裁，會跑去賣一個十五美分的漢堡？」馬歇爾還是老樣子，不願意潑人冷水。

但其他人就沒這麼好心了。

伊莎爾完全被這件事給惹毛了。此舉已不會危及家庭責任；畢竟女兒已嫁人，毋需仰賴我們過活。但伊莎爾完全不管，她不想聽我解釋麥當勞兄弟的事或未來的計畫。對她來說，我再次重蹈覆轍。先前因我接下普林斯堡的爭執，或是因增加房貸以買下克拉克股份的口角，都不過是前奏曲而已；這次鬧翻簡直是華格納歌劇的等級，關上了我倆之間溝通的門。之後的幾年內，她依然善盡義務，參加麥當勞的聚會，也深受許多客戶太太和女性員工的愛戴，但我們對彼此的感情已蕩然無存。我們婚後相互扶持了三十五年，最後五年卻只能冷言以對。

儘管如此，我卻沒時間調適心情。我必須先找好適當地點，才能開始蓋我的第一家麥當勞；而此地點必須當作表率，供加盟業者參考。我的盤算是利用普林斯堡工作之餘，監督麥當勞的工程進度，所以地點得接近我家或辦公室。諸多因素下，芝加哥市中心已不列入考慮。最後幸虧有位朋友阿爾特・雅各斯（Art Jacobs）幫忙，我終於找到一塊理想的地，也答應阿爾特會跟他五五分帳。那塊地位於德普蘭市（Des Plaines），離家七分鐘車程，走路可到西北火車站，我可以搭火車通勤到市內。

我剛開始和承包商討論麥當勞建築師的設計圖，麻煩就來了。當初的結構設計是針對半沙漠地區，建築基座是石板，沒有地下室，屋頂上還有蒸發式冷卻塔。

「克洛克先生，你說我該把暖氣裝在哪兒呢？」

「我會知道才有鬼，你覺得呢？」

他建議加蓋地下室，表示原先的配置效益太低，而且我也需要地下室來放存貨，總不能學麥當勞兄弟，把馬鈴薯放在室外；另外，這塊地沒有多餘空間，無法在主建物後面加蓋倉庫，就算我想蓋也沒辦法，更何況我無此意願。

我只好打電話給麥當勞兄弟倆，表達我遇到的困難。

「喔，你真的需要地下室，就蓋一個啊。」

我提醒他們，我得拿到他們掛號寄來的同意書才行。他們不以為然，直說我可以直接處理，他們不擅長文書作業也請不起祕書。其實，他們若真的有心，請來IBM所有的打字員都沒問題。我掛上電話，只希望他們會改變主意，掛號寄來同意書，但終究還是落空。

這等於是出師不利，開第一間店便違反合約，但我別無選擇，只好大膽繼續下去；但我告訴自己，一旦騰出時間就要搭機去見那對兄弟，把所有合約細節逐一敲定。本來這個辦法行得通，但麥當勞兄弟實在不講理。他們搞不清楚狀況，即便知道我投注了所有積蓄和貸款，仍然一副無所謂的模樣。我們雙方在律師陪同下協商，麥當勞兄弟承認問題確實存在，但拒絕書面授權我更動原本的設計圖。

「我們在電話中說得很清楚了，你們可以繼續蓋下去，自行更改藍圖啊。」他們的律師法蘭克・卡特（Frank Cotter）說道。

「但合約說要有掛號信，如果克洛克先生沒這項證明，他可是得負法律責任的。」我的律師表示。

「那是你的問題。」

這簡直就像是他們希望我出洋相。這種態度實在匪夷所思，按理說加盟推得愈成功，他們賺的也就愈多。我的律師後來不願再交涉，我只好另請一位律師，結果最後連他也辭職了，說我根本是瘋了，條款如此嚴苛竟然還不放棄，一旦麥當勞兄弟存心陷害我，他也無法保護我。「他們有種就試試看。」我回答道，決定硬著頭皮做下去。

我家旁邊就是羅林格林鄉村俱樂部（Rolling Green Country Club），我也是會員，在那裡認識不少企業界朋友和高爾夫球友。他們多半都認為，我一定是腦袋秀逗，才會跑去賣十五美分的漢堡。但有位好友對此很有興趣，因為他的女婿艾德．麥洛奇（Ed MacLuckie）正在找餐飲服務業的相關工作。艾德原本在密西根州從事硬體設備的批發，但生意每下愈況，於是我便找他聊聊。他身材精瘦，看起來緊張兮兮，平時注重細節又吃苦耐勞。我就是在找這樣的人，因此聘請他擔任首家加盟店的經理。麥當勞兄弟的經紀人阿爾特．班德（Art Bender）來到德普蘭市，幫助我和艾德於一九五五年四月十五日開店。過程篳路籃褸，但經驗十分寶貴，可做為未來展店的參考。順便一提，阿爾特還未退休，目前是加州數一數二的速食業者；艾德也是，他在密西根州和佛州都有店面。

第一間麥當勞的實驗意味濃厚，示範餐館的構想果然正確。雖然這間麥當勞一開始就賺錢，但還是花了近一年的時間，整體營運才算上軌道。我得特別感謝萊特納設備公司（Leitner Equipment Company）的吉姆．辛德勒（Jim Schindler），若不是有他的協助，第一間店連起步都會有困難。他親自到聖伯納迪諾市，研究麥當勞兄弟店內的烤爐、炸籃等設備的配置，再依據德普蘭市店內的狀況加以調整。其中一項不同點是，我的奶昔並非由手挖冰淇淋製成，而是從大桶內抽取奶漿，這不但改變設備擺放位置，也能節省空間。然而，一棟加州式建築要適應中西部氣候，一大難題便是通風。我請來許多建築顧問，想方設法要把油煙味抽掉，換成涼風或暖氣。但這些顧問有辦法設計大教堂，卻似乎無法解決小漢堡店的問題。每逢四月，芝加哥的氣溫仍然偏低，暖氣立刻就派上用場。問題是，廚房烤爐和炸籃所用的風扇會吸走所有暖氣，動不動就吹熄爐子的母火，可能會使室內瓦斯濃度增加造成危險；而室內溫度總維持在攝氏四度左右。天氣逐漸變暖後，情況恰恰相反，換成冷空氣被抽光，室內溫度往往攀升至攝氏三十八度。

然而，我更擔心的是薯條炸得失敗，失去原本的美味。我事先已向艾德說明過麥當勞炸薯條的祕訣，還興致勃勃呢。我示範如何削馬鈴薯，只留些許外皮增加口感。之後，我把馬鈴薯切成與鞋帶同粗的條狀，再統統倒入冷水池中。過程每每讓我為之著迷。我把袖子捲至手肘，有如準備動手術的醫生洗淨雙手，再把雙臂浸入水中，輕輕攪動薯條，直到澱粉使水由清變濁為止。接著，我把薯條徹底沖洗乾淨，再置入炸籃中，用新鮮的油現炸。成品便是完美無比、呈金黃色的薯條，咀嚼起來的口感有如……呃，有如稀飯。我傻眼了，到底哪裡出了錯？我回想每個步驟，企圖找出自己是否有所遺漏。完全沒有，那時在聖伯納迪諾麥當勞的炸薯條流程我記得清清楚楚，剛才的流程完全沒錯。我再試炸了一次，結果薯條還是一樣既無味又軟爛。其實，味道和其他餐館賣的差不多，但不是我心目中的口感，不是我在加州一嘗就驚為天人的薯條。我馬上打電話給麥當勞兄弟，想問個究竟，但他們也答不出所以然來。

這不啻是個重大打擊。我一心想重現麥當勞食物的美味和品質，進而設立上百家分店，哪知道在第一家店就踢到鐵板。

我請教了馬鈴薯與洋蔥協會的專家，提出我遇到的難題。起初，他們同樣百思不解，但有位實驗人員請我描述在聖伯納迪諾所觀察的每個步驟，從向愛達荷州農家購買開始，一步步說明。我便開始詳細說明，一講到他們把馬鈴薯貯存於圍著鐵絲網的箱內時，他忽然說道：「這就對了！」他接著解釋說，馬鈴薯剛從地裡挖出來時，水分含量很高，接著會慢慢蒸發乾燥，糖分轉變為澱粉，味道也跟著變好。麥當勞兄弟在毫不知情的情況下，把馬鈴薯放在通風的箱內，沙漠微風鎮日吹拂，自然就風乾了。

幸虧有馬鈴薯協會人員的幫忙，我自行設計了一個風乾系統。我先把馬鈴薯依進貨時間貯存在地下室，放愈久的馬鈴薯愈先供廚房使用。我還放了一台大電風扇，讓馬鈴薯可以持續風乾，艾德知道後不禁大笑。

「我們的馬鈴薯應該是全世界最嬌生慣養的吧！我都有些不忍心炸它們來吃了。」他打趣說道。

「沒關係，這樣還不夠，我們得炸兩次才行。」我說道。我還說明了協會專家所建議的預炸步驟：每籃薯條先浸過熱油，待其滴乾冷卻後，再全部丟下去炸熟。開店三個月後，我們炸出的薯條終於合乎我的期待，甚至比我在聖伯納迪諾嘗過的還要美味。我們還把預炸的步驟放入標準生產流程，即每回都是兩籃薯條預炸三分鐘。此時薯條會呈現難看的灰色，但冷卻滴乾後，部分油脂會滲入薯條內部；接著把薯條再炸一分鐘，這點油脂便會與澱粉產生化學作用，帶來絕佳口感。炸了第二次後，薯條便呈現金黃閃亮的外觀了。我們會把薯條倒入不銹鋼托盤，置於熱燈下方，待多餘的油瀝去。最後再用方糖夾，每次夾兩三根薯條放入袋內。今日的炸薯條流程早已不同，否則就太耗費人力了；但即便是當時，許多人也都納悶，如此費工的薯條一包竟然只賣十美分。

有位供應商跟我說：「雷，我看你不是在賣漢堡，根本是主打薯條嘛！我是不知道你炸薯條的祕訣，但真他媽的好吃，無人能敵啦！難怪生意這麼好！」

「算你內行。不過你這小王八蛋，可不准跟別人亂講啊！」我答道。

第一家麥當勞營運到後來好不容易開始獲利，我簡直樂歪了。我承認，店面位置只能算是普通，人潮本來就不多，絕對還有更好的地點；但店內生意依然不錯，我也可以開始找人加盟，到各地開設分店了。而找人加盟的首選之地，當然就是我家旁邊的鄉村俱樂部了；我有許多高爾夫球友，後來都開起麥當勞，而且經營得有聲有色。

後來，不知該說麥當勞兄弟太過愚昧還是心懷不軌，總之因為他們的緣故，使得整個加盟計畫戛然而止。

麥當勞兄弟之前跟我提過，加州和亞歷桑那州另有十家餐館是以麥當勞為名，當時我們雙方都認為無礙，我可以在美國其他地方進行加盟。但這對兄弟並沒有告知我，他們還簽了另一個特許經營的合約，範圍正是伊利諾州庫克郡；我的家、我的公司、第一家麥當勞示範餐館全都在境內。他們竟然以五千美元，把庫克郡的麥當勞經營權給了冰淇淋業者佛里萊克公司（Frejlack）。

我花了兩萬五千美元，才從佛里萊克公司手上買回庫克郡的經營權，那全都是我的血汗錢；我幾乎難以支付，何況當時已欠了一屁股債。

我當然不能怪佛里萊克公司，他們完全經由正當管道取得授權。但我永遠無法原諒麥當勞兄弟。無論他們知不知情，我都像頭傻驢一樣，被他們虛假的承諾所欺瞞，拚死拚活到頭來卻是幫人抬轎。

唯一的安慰，就是我多年來在普林斯堡代銷公司所建立的信譽。多功能攪拌機的利潤全都用來支付租金以及員工薪水，而我則鎮日忙於麥當勞的開店事宜。我每天一早就開車到德普蘭市，幫忙開門前的準備工作。清潔工通常跟我同時到場，若沒有別的事好做，我就會跟他一起打掃。我從來不會仗著自己是老闆，就不屑拖地或掃廁所，就算西裝筆挺也是一樣。不過早上常有許多細節要處理，例如訂貨和準備食材，所以我會留張紙條給艾德，詳細說明待辦事項。艾德大概都早上十點到，十一點準時開門營業。我會把車停在店外，再走三、四個路口到西北火車站，搭乘七點五十七分的列車到芝加哥，並於九點前抵達普林斯堡辦公堡。

瓊恩通常比我早到，並且已開始聯絡我們在東岸的業務代表；我在全美各地都有製造商代表，負責經手多功能攪拌機的銷售。有段時間，我手上有不少大客戶，包括霍華強生飯店集團（Howard Johnson's）、冰雪皇后公司和美味冰飲公司等；但由於麥當勞的營運佔用我愈來愈多的時間，因此我只得放手交由他人負責。每到傍晚，我便搭車回德普蘭市，再散步到店裡。我總是很期待餐館映入眼簾的那一刻，這可是我一手打造的麥當勞耶！但總有那麼幾次，眼前的景象會令我不甚高興，例如艾德不時會忘記黃昏後要開招牌燈，或者來不及清理四周一些垃圾。諸如此類的小事可能許多人不會在意，但就是會惹得我老大不爽。我會因此對艾德大吼大叫，而他總是欣然接受我的責備。我曉得他其實跟我一樣龜毛，這點從他後來經營的麥當勞便可窺之。但凡事追求完美實屬不易，而我就是希望麥當勞可以盡善盡美，其他的事都無關緊要。

第7章

加盟店體系

哈利・索恩本（Harry Sonneborn）。

一九五五年五月底，我的行事曆上寫著這個名字，感覺既熟悉又陌生。我記得曾和他通過幾次電話，談論多功能攪拌機的銷售事宜，當時他還是美味冰飲公司的副總裁。如今他來電表示已經辭去副總裁一職，賣出了全部持有的股份，有意到我的公司工作。

「我聽說你在德普蘭市開了餐館，所以就跑去一探究竟。我只從對街觀察，就知道你的餐館大有潛力。克洛克先生，我希望能為貴公司效勞。」他說道。

「叫我雷吧。我也想和你聊聊，但坦白說，就現在的狀況來看，我可能請不起任何人。」

「那不妨由我來說服你吧。」於是我們就安排了時間，在我辦公室會面。

老實說，我知道自己需要人手，但我實在請不起任何人。普林斯堡代銷服務公司已需負擔營運成本，以及支付我和瓊恩的薪水，更甭提麥當勞加盟體系的日常開銷。我還得買下佛里萊克公司在庫克郡的經營權，金額高達兩萬五千美元。而德普蘭市麥當勞餐館所獲的收益，在和阿爾特・雅各斯均分後，亦所剩無幾。此外，依據開設第一家餐館的經驗，除非我加快腳步，否則加盟業者還沒蓋好餐館、生意還沒上門、營收還沒抽成，我光是日常開銷就會花掉九百五十美元的加盟金了。我已經分身乏術，所以提升加盟速度的唯一方法，就是聘請人手幫忙。**雖然請了人會讓財務更加吃緊，但不請人只有死路一條。**

哈利．索恩本初次拜訪我時才三十九歲，身高六呎，但因為輪廓分明，看起來更為挺拔。他一頭俐落短髮，頗有德國軍人之感，襯托出紀律分明的性格。我們兩人對加盟產業及其潛力的看法一致，誠如哈利所言，這個產業可謂危機四伏；想要發展完善的加盟制度，同時講究高水準，勢必是一大挑戰。另外，政府也訂定愈來愈多相關法規，如影隨形地盯著業者。討論過程中，我逐漸明白哈利就是我需要的人才，可以協助我拓展麥當勞的加盟業務。但最初的問題依然還在，我便再次向他說明公司財務吃緊，我實在力不從心。他便說會回家思考自己可接受的最低薪資，並考量維持家計所需花費，之後會再跟我聯絡。

我萬分欽佩他的毅力，以及為麥當勞奉獻的決心；我相信如果有需要，他甚至可以二十四小時不眠不休地工作。我和瓊恩都能感受到他的熱忱。

想來想去，我最後拿定主意，絕對要聘用哈利。我的設想是由他處理財務事宜，瓊恩掌管公司內部大小事，我則負責營運和研發。按照此一分工，我們就可以快速發展，也唯有如此，公司才能突破困境。首先，我得盡快推廣加盟業務，刺激金流出現；另外，目前我單槍匹馬在外跑業務，但同業很快就會加入競爭，我想充分利用搶先一步的優勢。

幾天後哈利回電，表示若實拿週薪有一百美元，他便願意來上班。我實在無法拒絕他開出的薪資，也幸好沒有拒絕，否則少了哈利的精闢洞見，麥當勞絕不可能成長到後來的規模。

哈利生於印第安那州的伊凡維爾市（Evansville），很小的時候，雙親便過世了，是由叔叔扶養長大，叔叔在紐約有間男性服飾工廠。哈利很喜歡紐約，而如同一般猶太家庭的小孩，他從小就受到文學藝術的薰陶。但他自威斯康辛大學畢業後，不知為何選擇在芝加哥落腳；不過他始終帶有一絲紐約人特有的冷漠，我不時會因此被他給惹怒。儘管如此，凡是遇到任何法律或財務問題，他那認真研究的態度，讓我不得不深感敬佩。他常常埋首於書堆，因而精通許多合約與財務策略，也懂得律師和銀行家葫蘆裡賣什麼藥。我們當時正在開拓市場，必須做出許多基本決策供未來依循；身為經營者，這是最有成就感的體驗。眼見自己建立的企業不斷成長固然值得高興，但一個小失誤就可能導致全盤皆輸。然而在我眼中，真正的經營者是不太會犯錯的。

這段時期，我訂立的一條基本原則，影響了麥當勞加盟體系的核心與發展，這條原則是：**麥當勞企業絕不當加盟業者的供應商**。我認為，我們必須盡一切可能從旁協助每位加盟業者，希望其經營成功，但前提是業者不能是我的客戶。若把業者視為夥伴，卻又要賺他們的錢，便會出現利益衝突。一旦成為供應商，就會想提升自己的銷售業績，而非提升加盟業者的業績；甚至還會禁不起誘惑，故意降低商品品質，以提升自己的利潤，此舉不但會衝擊加盟業者的生意，到頭來也會影響自己的營運。許多後來出現的加盟體系，都是總部自己想當供應商，最後遭遇嚴重的營運或財務困難。依照上述原則，我們必須打造一套完善的採購制度，確保業者以最低價格獲得原料。結果因為我當初的決策，麥當勞才沒有像一些加盟體系，飽受反托拉斯法之苦。

我當時還做出另一項決策，如今已行之有年，就是麥當勞餐廳裡不准有公共電話、點唱機與販賣機等設施。業者常想靠這些設施賺點額外收入，便會質疑我的決定。但我的立場始終如一：這些設施都會帶來不必要的人潮，而且變相鼓勵閒雜人等逗留，影響用餐顧客的權益，破壞麥當勞所營造的闔家光臨印象。另外，部分地區的販賣機是由犯罪集團所操控，我不想與他們扯上關係。

前三家加盟麥當勞的業者分別位於加州的佛雷斯諾（Fresno）、洛杉磯和里西達（Reseda），都是在德普蘭市示範餐館開始營運後的隔年開張。加州比較容易談妥加盟事宜，因為地主可直接去聖伯納迪諾，見證麥當勞兄弟大受歡迎的餐館，之後便比較容易答應蓋一棟類似的餐館，再出租給我們的加盟業者。加盟進展得十分緩慢，好像在水泥地上溜冰那般痛苦，但我們仍努力突破。一九五六年最後八個月內，我們又開了八家餐館，而且其中只有一家位在加州。中西部第一家加盟餐館位於伊利諾州沃基根市（Waukegan），旁邊就是密西根湖，離芝加哥北郊約六十五公里。這次加盟經驗實在很不可思議：地主是一位銀行家，極度懷疑只賣十五美分的漢堡生意做得起來，也不相信我們的加盟業者繳得起租金，連業者自己也抱持保留的態度。我請艾德去幫忙處理開店事宜，他也訂好了所有原料，而我沒多久就接到業者的電話，劈頭就對我咆哮：「你們想要搞死我啊！艾德送來的肉排和麵包存貨太多了，我一個月都賣不完……」老天，他還真的大發飆！但是該餐館於一九五六年五月二十四日開幕後，生意便一路長紅，艾德還匆匆忙忙跑回德普蘭分店先借些肉排和麵包，好讓沃基根分店應付週末人潮。想當然爾，那位業者也樂於承認先前是他理虧；然而，地主則覺得自己被我耍了。我相信在那二十年租約期間，他想必每天都在

經濟新潮社

BLOG　FACEBOOK

多巴胺國度

在縱慾年代找到身心平衡

美國暢銷20萬本・成功戒癮的經典之作

揭露人們在慾望國度中的瘋狂歷險、
所付出的代價，以及，如何平安歸來。
成癮的爽、戒癮的痛，爽痛之間該如何取得平衡？

沈政男、蔡振家、蔡宇哲｜一致推薦

作者｜安娜・蘭布克醫師　譯者｜鄭煥昇　定價｜450元

未來，唯學習者生存

西蒙學習法：如何在短時間內快速學會新知識

作者｜友榮方略
定價｜360元

知識的編輯學：日本編輯教父松岡正剛教你如何創發新事物

作者｜松岡正剛
譯者｜許郁文
定價｜450元

向編輯學思考：激發自我才能、學習用新角度看世界，精準企畫的10種武器

作者｜安藤昭子
譯者｜許郁文
定價｜450元

後悔租金收太少了。當然，我只是相信速食產業的潛力，當初也無法預測那個地段的生意。我做生意向來講究公正，即使我認為有人佔我便宜，我也堅持這項原則。正因如此，我必須勤奮工作，不能懈怠，才有機會成功。在某些方面，我確實天真了點，例如別人的話我都會相信，除非有證據顯示對方說謊；而且有許多次我僅靠雙方握手，便完成一樁滿意的交易。另一方面，我也被詐騙過無數次，足以讓我成為憤世嫉俗的人。但我生性過於樂觀，無法當犬儒太久，即便在與克萊姆．波爾（Clem Bohr）這種騙徒打過交道後，依舊沒有改變。

在我們打造麥當勞企業的過程中，克萊姆還是個「人模人樣」的騙子。他是威斯康辛州的承包商，主動聯絡上哈利．索恩本，提出一項頗吸引人的方案。他表示願意走訪全美各地，幫麥當勞尋找適合加盟餐館的土地；他會先購下土地，再請他的建商蓋好餐館，然後出租給我們。我們同意後，他便出發了，前往遙遠的城市尋找土地。

我和哈利沒有多餘的心思過問克萊姆．波爾的情況，因為我們都忙於各自的計畫。其中最重要的一項，促成了麥當勞的高速成長——我們開始自己興建餐館，並賣出加盟經營權。

我們都希望麥當勞不只是一塊多人使用的招牌，還希望建立起一個餐廳體系，以高品質的餐飲和一致的製造流程，打響名號。當然，我們的目標是讓顧客信任該體系的聲譽而回流，而非僅憑單一店面或業者的水準。因此，我們必須長期提供業者培訓課程與互助制度，並時時評估績效。另外，我們也必須培養全職的研發人員。我很清楚，品質一致的關鍵，便是能否提供食品製造技術給業者，而業者之所以接受，是因為認可該項技術確實較為優良。但是，無論是研發，或是有效監督並輔導業者，都需要經費支持。

美味冰飲和冰雪皇后是當時美國著名的加盟企業，依據這兩家公司的經驗，以及我們對麥當勞加州分店的走向，可以得到一項結論：麥當勞若要達到我們所希望的成長，唯一方式便是自己興建餐館。若真如此，代表我們要規劃一套穩固的餐廳體系，地點全部由麥當勞自己開發，做為全國長期行銷計畫的一環。

這個辦法聽起來很棒，也符合推銷員的直覺，因為對潛在業者來說，如此經營麥當勞餐館會更有價值，而不只是買塊招牌而已。但夢想總是美好，我們真的開始興建餐館後，卻遇上難以克服的問題。哈利想到的解決辦法，是成立「加盟暨地產經營公司」（Franchise Realty Corporation），我覺得這點子真是神來之筆。

加盟暨地產經營公司的成立，證明了我們不是空口說白話。我談了很多發展麥當勞的理想，唯有顧及品質與一致方能成功；哈利提出具體方案後，我二話不說就把所有家當拿去抵押，包括房子和車子等任何想得到的財產。完全是土法鍊鋼！我有如聖經中的參孫，因少了頭髮而失去所有神力。但我心中所編織的麥當勞願景是支持我的動力。

我們以一千美元的實收資本成立了加盟暨地產經營公司，哈利最後將資本增值，使公司擁有價值達一億七千萬美元的房地產。簡單來說，他的策略是說服地主，把土地以附屬的方式出租給我們。換言之，地主會提供二胎貸款，我們則去借貸機構（當時是銀行）為新建物申請一胎房貸，地主則會以其土地做為抵押。我必須承認，自己起初有點懷疑，地主怎麼可能會讓自己吃虧？但我還是讓哈利逕自去處理，沒有加以干涉。

我始終認為，若要請人來工作，就應該放手讓他發揮長才；若懷疑此人的能力，起初就不應該聘用他。我曉得哈利靠著自學，掌握了租賃契約的基本知識；他除了苦心研讀外，還請了一位華盛頓特區的顧問瑞佛斯（Dreyfus），這人是房地產交易的專家。哈利帶他到芝加哥，一連七天，每天支付三百美金向他諮詢相關事宜。瓊恩很擔心我會大發雷霆，雙雙開除哈利和這位顧問。但我完全不作此想。我很清楚，想賺錢就得先花錢，就我來看，哈利只是在做他的工作而已。

二胎貸款租地的方式之所以成功，一個原因是在五〇年代晚期，加盟產業剛開始起步，商業區周圍地產的激烈競逐還未出現；反觀之後二十年逐漸開發，炒地皮現象才日趨嚴重。另外一項原因，則是我和哈利都是一流業務員，總是有辦法打動地主，說服其利用閒置的土地來賺點錢。

這也開啟了麥當勞終於有實質收入的時期。哈利設計了一套公式，計算加盟業者每月支付的權利金，扣除償還貸款與其他開銷後，仍有些盈餘。我們有時收取每月最低金額，有時則依加盟者業績的一定比例抽成，視何者為高。過了一段時間後，我們漸漸明白這個公式能帶來大量營收，也發覺當前的利潤，不過是漢堡業無窮商機的冰山一角，還有廣大的市場尚未開發。

我還記得正當事業開始起飛時，哈利去了一趟聖伯納迪諾市。理查・麥當勞問他對於麥當勞前景有何看法，哈利表示，有朝一日，麥當勞的規模絕對會超越零售業的龍頭伍爾沃茲（F. W. Woolworth）。理查還以為自己聽錯了，後來跟我說：「雷，我覺得你那位同事完全是異想天開。」但哈利很清楚公司未來的願景，也知道如何加以實現。

我、瓊恩和哈利三人常在下班後，待在辦公室或來我家聚會，有一次哈利說道：「我們現在有銀行貸款，周轉狀況良好，但如果我們要在金融業界出頭，就得有大型機構的資金挹注才行。」我也這麼認為，於是哈利就去拜訪了保險公司。第一家簽約的是芝加哥的「全美人壽保險公司」（All-American Life Insurance Company），它們同意幫我們申請一些貸款。後來同樣在芝加哥，他又與「中央標準人壽保險公司」（Central Standard Life）成功簽約。

這實在是天大的好消息。我們持續拓展規模，不斷累積動能，可以預見歡樂收割的一天。我真的虧欠哈利和瓊恩太多了。他們不辭辛勞地工作，完全把家庭責任擱在一旁，只為了隨時掌握快速擴張的營運狀況。瓊恩後來向我透露，她加入團隊後，從來沒參與過兩個兒子的人生大事，包括生日派對和畢業典禮，她甚至有好幾次在辦公室度過耶誕節。我知道她和哈利的難處，因為我也有相同處境，但或許因為我跟太太和女兒冷戰已久，所以相較之下還好過些；對於我全心投入事業，家人早就習以為常。但正因如此，我更加感謝哈利和瓊恩。雖然我無法幫他們加薪以報答他們的貢獻，但我深信麥當勞有朝一日將成為全美大企業，屆時他們絕對會有所回報。我給瓊恩百分之十的股份，哈利則有百分之二十的股份，這些股份後來都讓他們成了大富翁；不過在當時，芝加哥交通局（Chicago Transit Authority）發行的車票可能還比較值錢。

我三不五時經過哈利的辦公室，都會順便問一聲：「對了哈利，有任何克萊姆．波爾的消息嗎？」

「前幾天才接到他的電話。他好像瓦斯火力全開喲，已經在克里夫蘭買了地，很快就會開始蓋餐館了。」哈利說道。過沒多久，波爾在威斯康辛州買了塊地，過一陣子，又聽聞他在伊利諾州南部購入兩塊地。每次聽到這類消息，我的反應都是：「哇塞，太讚了吧！哈利，這真是好消息。」

「瓦斯全開」（cooking with gas）是當時大家常掛在嘴邊的話，但其實對我們來說，還有個不為外人所知的笑點。如果我們說辦公室某人「瓦斯全開」，意思是他做事情絕不出錯。這個說法源自我們最初的加盟經驗，當時得依照麥當勞兄弟的設計圖，原封不動複製其餐館。吉姆．辛德勒堅持要以瓦斯來炸薯條，取代麥當勞兄弟使用的電炸爐。事實證明，瓦斯效能的確較好，成本也較低，薯條也更加美味。所以我們麥當勞的各家分店，都是如此「瓦斯全開」。

依據那回沃基根市的加盟經驗，同時考量到一九五六年夏秋陸續增加的業者，我深深覺得需要請一位營運專才於公司總部坐鎮。加盟合約都清楚載明，我們會派遣公司的資深人員前往加盟餐館，協助業者培訓員工並貫徹麥當勞制度。我不可能每回都請阿爾特．班德從加州趕過來，也無法動不動就讓艾德離開德普蘭的餐館。於是，針對未能獲得專人協助的業者，我只好少收他們一百美元的加盟費用。這實在是下下策，因為若要堅持品質，每個流程都不能馬虎，每位員工都必須接受培訓，熟悉麥當勞的服務方式。這些基本觀念是成功與否的關鍵；除非店面的地段奇差無比，就另當別論，但二十多年來，這樣的例子實在不多。但這些基本觀念並非與生俱來，尤其是麥當勞的加盟業者又來自各行各業，包括雜貨店收銀員、汽水販賣機操作員和退役軍人等等；這些觀念得一而再、再而三地強調才能內化。我提過無數次QSCV[1]的概念，如果每說一次就換得一塊磚，我大概已可以蓋一座橋橫跨大西洋了。而且除了店經理和員工得清楚知道，加盟業者本人更該知道。這

1　指Quality、Service、Cleanliness、Value（品質、服務、清潔、價值）。

點對於新的加盟店尤其重要。

所以，我勢必得找個人幫我處理營運事務。哈利和瓊恩也同意，但他們並不像我一樣常接觸餐館日常業務，因此對於人選毫無頭緒。瓊恩說：「哇，看樣子你需要的人必須精力充沛，但身邊又沒有像阿爾特·班德或艾德·麥洛奇一樣有經驗的人才，眼下還能找誰呢？」

「別擔心，」我拍胸脯保證，「我心中已經有個合適人選了。」

第8章

成功的方程式

佛瑞德・特納（Fred Turner）。他就是我心中內定的營運長人選。我依然清楚記得一九五六年二月，佛瑞德初次走進我辦公室的模樣；今天他已是麥當勞的總裁和董事會主席。當時他才二十三歲，稚氣未脫，有張娃娃臉，而且笑容極具感染力。他和朋友喬・波思特（Joe Post）都來應徵我刊登在芝加哥論壇報上的加盟啟事。他們兩人和另外兩名家族成員，共同成立了「波思特特納公司」（Post-Turner Corporation），目標是買下加盟經營權，之後再交由佛瑞德和喬經營。我開心收下加盟金的頭期款，建議他們可以先在德普蘭市的麥當勞餐館工作，一面熟悉營運事務，一面等待加盟店的地點確認。佛瑞德接受了我的提議，馬上開始工作，時薪為一美元。他的家族每週還另外支付他八十五美元，當作他創業的資本，但他終究得還這筆錢。

佛瑞德的工作表現亮眼。他有種與生俱來的直覺，清楚麥當勞餐館的工作步調，懂得事情的輕重緩急。我從艾德呈交的報告中，看到了他的才華。即使是很少來店內的阿爾特・雅各斯，竟也注意到佛瑞德。我知道他天生就有領導人的特質，也很高興他即將成為我的加盟主。沒想到，波思特特納公司陷入了僵局：該公司有一條基本規定是，加盟店地點的表決必須無異議才能通過；結果無論哪個地點，表決結果有的兩票、有的三票，就是無法達到四票。

佛瑞德似乎很受不了這種狀況。過了一陣子，他不再接受家族資助，兼差當起富勒刷具公司（Fuller Brush）的業務員；他深怕加盟店位置永遠懸而未決，不想因此負債累累。一九五六年暮秋，芝加哥西塞羅大道上開了一家新加盟店，業者是比爾．巴爾（Bill Barr），他有意網羅佛瑞德當店經理。

「當然沒問題，」我這麼跟他說，「但是請記得，我屬意他來我公司上班，等時機成熟時，我會把他要回來喔。」

結果時機一下子就成熟，比我預料中快上許多。我們在伊利諾州肯卡基市（Kankakee）替加盟暨地產公司購地的過程中，碰上一些難題，立即需要一位加盟業者。因此我請哈利．索恩本去找佛瑞德談，詢問他是否願意經營那家分店。他答應了，但後來交易破局，我便請他到市中心的公司來上班。

「我可以給你四百二十五美元的月薪。」我說道，他立刻眼睛一亮，但迅速心算後，發現和之前在西塞羅分店的百元週薪差不多。

「克洛克先生，我無法接下這份工作，否則我等於是虧錢。因為雖然金額一樣，但每天通勤到市中心需花不少交通費；另外我得自己買午餐，之前在店內就可以解決；我還得有幾套西裝、支付乾洗費用、熨好白襯衫。所以很抱歉，除非月薪有四百七十五美元，否則我無法接下這份工作。」

「有道理。那就四百七十五美元吧。」我回答得乾脆。他的喜悅再一次寫在臉上，我們握手成交。之後，我沒再為佛瑞德的薪水煩惱過。

一九五七年一月，佛瑞德正式到公司上班；該年，我們於全美開了二十五家麥當勞加盟店，他都有參與其中；另外還包括萊特納設備公司的不銹鋼專家吉姆·辛德勒，以及伊利諾公司（Illinois Range）的席格·查考（Syg Chakow）。吉姆和席格明明不是我的員工，工作起來卻無比認真。他們加班無數小時，只為了確定設備運轉和安裝都沒問題；偶爾還會幫忙清理多餘木材、打掃停車場，幫助業者做好開幕準備工作。他們至佛羅里達州薩拉索塔市（Sarasota）分店諮詢時，發現當地衛生局下令奶昔和漢堡不得在同一空間中製造，以免造成衛生顧慮。麥當勞各家分店的奶昔都在烤盤旁製作，若要重新設計配置圖勢必所費不貲。席格想到一個妙計：以一片玻璃做出隔間，附有內門；如此一來，漢堡和奶昔等於在不同空間，但仍可以透過同一窗口送餐給顧客。衛生局很滿意這項設計，業者也鬆了口氣。

一九五七年年底的某個半夜，我、哈利和瓊恩三人坐在我家娛樂室裡，我們剛結束一場耗費心神的營運策略會議，現在正閒聊著薩拉索塔市的開店經歷，以及許多加盟店開設過程中的驚險遭遇。我們對於眼下的成就感到不可思議，當時已有三十七家麥當勞餐館在各地營運，而來年的加盟業務可望再創佳績。我告訴他們，展店向來就不可能一帆風順，一九四八年麥當勞兄弟開設的第一家自助式餐館便是個例子。各位應該還記得，聖伯納迪諾市位於沙漠邊緣，年降雨量少得可憐，即便全部集中到一只馬丁尼杯內，八成還有空間放顆橄欖。但就在麥當勞兄弟的全新餐館開張的當天，聖伯納迪諾竟然降雪，路面積雪達三吋高！少數不辭辛苦前來的顧客，好不容易擺脫車陣、開進停車場，卻只能坐在車內，生氣地狂按喇叭，不知道被大雪覆蓋的招牌上頭，寫著「自助式」的字樣——當然不會有服務生。

同樣破天荒的事發生於一九五三年，當時麥當勞兄弟在設計他們的「金色拱門」建築。他們希望妥善規劃窗口和設備的配置，期望能提升效率，讓每位員工只需簡單步驟便可完成工作。莫里斯和理查的房子後面有座網球場，他們便找來阿爾特．班德和幾位營運人員，依照實際大小，用粉筆畫出新建築的平面圖，有如超大的跳格子遊戲。當時狀況想必會讓人笑掉大牙：所有大人來回踱步，把製作漢堡、薯條和奶昔的動作演練一遍。反正他們最後全畫好了，就等建築師隔天到現場，依比例縮小描繪在平面圖上。當晚，聖伯納迪諾市降下傾盆暴雨，網球場上全部的粉筆痕跡被沖得一乾二淨。

「那他們怎麼辦，哇靠該不會再畫一遍吧？」哈利問道。

「當然，就是吉姆幫我們修改的平面圖原型。」我回答。

「對了，雷，」瓊恩插話，「我覺得你應該僱用吉姆耶，你絕對用得到他的專業。」

瓊恩說的很有道理，我們後來也的確把他挖角過來，成為公司內部第二位正式員工。我每年得付他一萬二千美元，薪水比我、瓊恩和哈利都還高，但我們亟需他的專業意見。幸好他和我同是波西米亞人，不然他不可能因為那點薪水就來公司上班。他十分信任我，彼此的合作關係也頗為順利。由於當初是瓊恩的提議，因此功勞當然歸她。但我滿驚訝她這回的直言。平時，瓊恩總是透過大大小小的暗示，運用些女人的伎倆，讓我和哈利能感受她的熱忱。此舉老是讓我發噱。瓊恩十分相信她的「女人直覺」；有些人甚至認為她會通靈。但我不需要透過任何旁門左道，就知道她對公司極具價值。她是我跟哈利之間的潤滑劑，緩衝我倆義無反顧的性格，多次化解我們的正面衝突。但言語交鋒在所難免，雖然我和哈利都信奉資本主義，對公司未來走向都有信心，但我們各自採取截然不同的處事方式。

哈利屬於學者型人物，依照管理理論和經濟學原理分析情勢；我則仰賴業務員的本能，以及對人的主觀判斷。常有人要我解釋我挑選主管的方法，因為麥當勞的成功，多半是因為我都找到對的人擔任重要職位。我給的答案並不稀奇，跟企管教科書所列的教條大同小異。這個問題實在很難回答，良好的判斷力並非出於教條，而是來自實踐；因此，我不時會招致批評，指責我太過武斷。舉例來說，瓊恩就認為，我有次之所以開除員工，是因為他戴錯帽子，加上鞋子沒擦亮；她說的沒錯，這些缺點我確實不喜歡，但並不是我開除他的理由。他並不適任，動不動就犯錯，帽子和鞋子只是反映了他的粗心大意。

我看人的眼光或許不是百分之百準確，但出錯的機率不高。鮑伯．佛洛斯特（Bob Frost）是麥當勞在西岸的重要主管。他一定記得，我有回跟他一起走訪加盟餐館，我對他底下一位年輕經理的印象很差。開車上路後，我跟鮑伯說：「我覺得你最好開除那男的。」

「喔我拜託你，雷，」他人喊，「饒了那孩子吧。他還年輕，態度也不錯，還會進步的啦。」

「或許吧，但我覺得不大可能，他缺乏潛力。」我說道。

後來開車回洛杉磯的途中，我還是對這件事耿耿於懷，終於轉頭對鮑伯吼道：「你他媽的給我聽清楚了，我要你叫那小子滾蛋。」

鮑伯是位優秀的主管，對於自己的信念不會輕易讓步，還願意為部屬出頭；他也是退役海軍，懂得察言觀色。他只抿著嘴，嚴肅地點點頭，然後說：「如果你真的命令我這麼做，我絕對遵命。但我希望再給他半年的時間，觀察他的表現。」

我勉強答應了。之後的情況，便是政府機關常見的那種人事爛攤子，但這在企業界是絕不允許，更難以見容於麥當勞。那男的竟賴著不走。接下來幾年內，他多次面臨被炒魷魚的命運，但總是被調職或換了上司而已。他本性不壞，所以每位主管都會努力想拉他一把。多年後，他終於被開除了。那位請他捲舖蓋走路的主管在報告中寫道：「此人缺乏潛力。」

如今，鮑伯也承認當時看走了眼，而我一開始的判斷是對的。但重點並不在此。我們花在那人身上的時間和心血，就這麼付諸東流；最糟的是，他浪費了好幾年的青春，最後走進了死胡同。若他早幾年被資遣，便能早點找到適合自己的工作，對他的前途絕對更有利。這次經驗對雙方來說，都是慘痛的教訓。這顯示了他人眼中獨斷的決策，可能是相當敏銳的判斷。

我的管理風格很容易引發上述情事；哈利則迥然不同，他凡事冷靜以對，難以激發旁人的精神和熱忱。我喜歡鼓舞大家，引起他們對麥當勞的熱愛，並自豪於自己的工作成果。

我和哈利實在南轅北轍，但長期下來，我們卻能分工合作，將歧異化為助力，壯大麥當勞的發展。佛瑞德．特納則為原來團隊增添了另一個面向。他的工作之一，便是協助新的加盟業者開店，並協調當地肉類、麵包和調味料等供應商。這些歷練，結合他在廚房幫忙的經驗，大大改變了麥當勞的原料供應和包裝方式。

以漢堡使用的圓麵包為例；**唯有觀察力獨到的人，才看得見麵包的美感**。相較於興味盎然地談論個人最愛的飛蟲魚鉤，或愛不釋手地研究蝴蝶翅膀顏色與結構的排列，有人專門探尋圓麵包的口感與弧度之美，何怪之有？若你是麥當勞的一員，若你也把麵包視為速食藝術的重要一環，便會覺得不足為奇，認為這個胖嘟嘟的發酵麵團，確實值得認真研究。佛瑞德便是如此重視漢堡麵包。我們的圓麵包供應商，是位於中西部的「瑪麗安烘培廠」（Louis Kuchuris' Mary Ann Bakery）。起初，我們都是用圓麵包組，亦即四到六個麵包相連成一組，沒有完全切開。佛瑞德指出，若圓麵包不連在一起，一個個切開，廚房員工使用起來更方便，工作也會更有效率。由於我們訂單龐大，烘培商不會虧本，因此也願意改以此方式供應麵包。佛瑞德也和一家紙箱製造廠合作，幫麵包設計堅固又可重複使用的箱子。相較於傳統每箱一打的包裝，這些新式箱子可降低烘焙廠的包裝成本，我們就會獲得更優惠的麵包批發價。此舉也降低我們的運費，並簡化店內操作流程。員工先前拆舊包裝時，廚房裡三兩下就堆滿了包裝紙；另外還有打開包裝、取出麵包組、切開麵包等時間成本，若把瑣碎時間全部相加，便會發現頗為浪費。一家營運順暢的餐館，就像一支必勝的棒球隊，充分發揮每位成員的才能，善用每分每秒的機會，加快服務速度。麥當勞開始使用特製紙箱後，佛瑞德還持續改良設計；他發現，紙箱蓋如果延伸至箱子底部，麵包內的水分便可保持較長的時間；另外他也知道，若廠商為紙箱塗上一層厚厚的蠟膜，便可增加重複使用的次數。

只要有新餐館開張，佛瑞德就會前往指導，今天在威斯康辛州密爾瓦基市，明天可能跑到伊利諾州莫林市，或密西根州卡拉馬祖市。他會拜訪當地的烘焙商，介紹麥當勞，並說明需委託其製作的漢堡麵包。佛瑞德會詳列一切數據資料，烘焙商自然就了解改良的圓麵包優點為何，以及能為自己節省多少成本。通常，烘焙商對我們所需的紙箱一無所知，因此佛瑞德會另外找紙箱廠商開會。

對許多廠商來說，成為麥當勞的圓麵包供應商，等於撿到天上掉下來的商機。舉例來說，瑪麗安烘培廠原先只是一家小企業，如今工廠內用來冷卻烤好的麵包的輸送帶，長度將近四百公尺，每個月需用掉一百萬磅的麵粉；該烘培廠還擁有一家貨運公司，專門服務麥當勞。如今隸屬「ＣＦＳ經銷物業」（CFS Continental）的「佛里恩烘焙公司」（Freund Baking），多年來也和麥當勞一同成長茁壯。我曾三番兩次對佛里恩軟硬兼施，希望他另外蓋座烘焙廠，專門服務所有加州的麥當勞加盟店。現在，佛里恩烘焙公司擁有全球最大的自動化麵包廠，每小時為麥當勞生產八千個圓麵包；該公司在聖彼得斯堡也有一座麵包廠，供應全佛州的麥當勞餐館，另一座麵包廠則服務所有夏威夷的加盟店。

佛瑞德把他改良圓麵包的思維，應用到其他需進貨的品項。在此要特別釐清一件事：**佛瑞德並非代表公司進貨，公司更沒有把東西轉賣給加盟業者。我們只負責訂定品質標**

準、推薦包裝方式，業者自己得向供貨商進貨。我們店裡只賣九項產品，而業者負責採購所需的三十五至四十個品項。因此，雖然相較於同一地區的其他餐館，麥當勞加盟餐館的購買力並非特別突出，卻比同業來得集中，採購大量圓麵包、番茄醬、黃芥茉等貨品，使其在這些市場佔有優勢。我們還懂得強化自身優勢，設法協助供應商降低成本，到頭來便可以壓低批發給麥當勞的價格。其中一個方法是大批包裝，另一個則是讓供應商一次運送多樣品項。

這種採購制度還有一大優點：我們可以在過程中自動清點存貨。業者可以把每日使用的麵包數量和肉排數量兩相對照，若不相符，就代表某環節出錯。業者還能仔細檢查有無浪費，也可立即發現貨品是否遭竊。舉例來說，十片肉排重一磅，若賣出的漢堡只會用掉一百磅的肉排，清點後卻發現用了一百一十磅，便意味著可能是供應商揩油，或是店裡有內賊。

每當佛雷德提出改善產品的良方，我便會確實要求供應商徹底執行。我多年銷售紙杯和攪拌機的經驗終於派上用場，因為我很清楚誰掌握工作流程的關鍵。許多人聽說我五十二歲才開創麥當勞加盟產業，而且還一夜致富，都大呼不可思議。但我其實跟許多藝人明星一樣，努力耕耘多年，突然機會出現才能一舉成名。旁人看我一夜致富，但若計入過去三十年的辛勞，其實是漫漫長夜才對。

佛瑞德跟我都是一絲不苟的個性，因此跟他共事十分自在。有些人創新的方式，是先想出一套完整方案，再敲定所有細節。這種「大格局」並非我習慣的思維模式。我凡事從小處著手，等敲定所有枝微末節後，我才會繼續實施較大的計畫。對我來說，這樣較具彈性。例如，我當初創立麥當勞時，目的只是要提升攪拌機的銷量。若我執著於這個想法，視其為最終目標而不懂得變通，如今的麥當勞營運制度就會大不相同，企業規模也會受到侷限。夜深人靜時，我不時都會靈光乍現，想到很棒的點子，腦海接著浮現一套看似完善的計畫。但隔天天亮後，這類想法只是天馬行空，並非務實可行；究其原因，多半是我忽略了許多重要細節。因此，即便旁人覺得過於瑣碎，我仍然相當重視細節。若要企業有良好的表現，每個基本環節都必須完美無缺。

麥當勞的漢堡肉就是最佳範例，對於細節毫不馬虎，而堅持也終究有了回報。一般的漢堡肉只是普通的肉排，但麥當勞的漢堡肉是純正的肉排；最大的不同在於我們的肉排是百分之百純牛肉，沒有牛心或不明內臟摻雜其中。另外，我們肉排的脂肪含量都經過嚴格控管，一律是一九%。若要論及麥當勞漢堡肉的技術發展史，絕非三言兩語可以道盡，包括不同絞肉方法的實驗、冷凍技術、外觀統一化等等，只為了呈現最為多汁美味的口感。但有趣歸有趣，在此不過是題外話。

我初次體認到漢堡肉是餐飲業的一環時，還只是個毛頭小伙子，老愛跑到芝加哥西區的舞廳。那時奧格登大道與哈林大道交叉口有家店叫「白堡」，我們跳完舞都會去那裡吃漢堡。店家使用一種迷你冰淇淋勺，製作一吋見方的小肉排，小漢堡則是以袋計價。一九三三年的世界博覽會上，餐飲攤位全由斯威福特公司（Swift & Company）所包辦；該公司運來的一塊塊冷凍牛絞肉裡，藏有五個孔，讓小販可以多做兩片肉排，數量便由本來的十六片增為十八片。當然，如此偷工減料是有可能多賺點錢。某次，一位麥當勞加盟業者來找我，分享他想到的節省成本妙點子，亦即生產甜甜圈形狀的肉排。他表示，肉排中空部分可以用調味料填滿，再用醃黃瓜蓋上，顧客便不會發覺。我跟他說，顧客到麥當勞來是想填飽肚子，不是來讓你揩油的。但當時聽到如此荒誕的詭計，我仍噗哧笑了出來，真是個典型的芝加哥騙局。

我們的肉排都是十片重一磅，不久便成了業界採用的標準。佛瑞德試驗不同方法來包裝肉排，認為一定有最適合的包裝紙。經過無數次試驗，他總算找到了：紙上得塗一層適量的蠟，肉排才不沾黏、容易取下，但若塗太多紙質則會偏硬，肉排便易滑動，難以堆疊。堆疊肉排也是一門學問；若疊得太高，最下面的肉排就會變形而失去水分。於是我們找出最理想的堆疊方式，進而決定了供應商在包裝肉排時的高度。凡此種種改良，都是為了簡化廚房的工作，並提升工作效率。降低成本和控制存貨等考量當然重要，但最關鍵的還是廚房烹調的步驟細節。這是麥當勞生產線的重要環節，製造過程必須流暢完美，否則將岌岌可危。

佛瑞德開始上班屆滿一年之際，幾乎包辦了公司所有採購業務。若沒有新店開張，他就會拜訪已知店家，與業者聊天、分享心得。他先去了南邊的厄本那市（Urbana），再跑到北邊的沃基根市，每家店都待上一天。回到公司後，他給了我一份自己設計的查核表，呈現各店營運狀況。之後，該查核表成為實地會勘的固定格式，時至今日，仍是品管的重要指標。

我有時會想，如果波思特特納公司對於加盟地點達成共識，佛瑞德順利成為加盟業者，現在會是什麼樣的景況？我相信他跟其他業者一樣，絕對會大為成功。例如，喬．波思特就是密蘇里州春田市的加盟業者。他與太太兩人一共開了三家麥當勞餐館，其中一家位於市區新開的購物中心內，五個用餐區分布在不同樓層，隨處可見壁爐和繪畫；這家分店堪稱麥當勞餐館中的典範。佛瑞德無論到哪去，都有辦法建立自己的商業王國。我對此深信不疑，因為我不但認識他，也認識他的太太派蒂·特納（Patty Turner）。她樂見丈夫事業成功。我相信，若佛瑞德當初成了加盟業者，她也會和他並肩作戰。麥當勞餐館足以代表美國小企業的成功案例，因此夫妻團隊十分常見。一般來說，先生負責分店營運和設備保養，太太則掌管帳目及處理人事。如此互利的合作模式，公司上下都找得到例子。我往往鼓勵公司主管的太太，請她們多多參與丈夫的工作；廚房裡負責煎肉排的員工也好，辦公室內的文書專員也罷，無論工作內容為何，集思廣益總是好事。

第9章

想知道的事情，全都在垃圾桶裡

我一聽到電話那頭瓊恩的語氣，就知道公司出大事了；她只說哈利有急事需立刻向我報告。我心中浮現不祥的預感，直覺認為此事必定與克萊姆．波爾有關。我從芝加哥飛到東岸勘察加盟地點之前，才跟哈利討論過波爾近來的異常行徑。

波爾當時手上已有八個地點，也蓋起了麥當勞餐館，分屬不同的完工階段。他起初都會熱切地向我們回報進度，但不知何時開始，態度變得疏遠，而且不再主動聯絡。他先是不回哈利的電話，之後瓊恩透過各種管道聯絡他，兩個星期過去了，卻還是毫無音訊。

哈利從公司委任律師的辦公室打電話來，他說：「雷，壞消息，我們的麻煩大了。」

「該不會是……克萊姆．波爾的事？」我問道。

「你猜對了。他租給我們的每塊地都有一堆工程拖欠款。這王八蛋從來就沒取得完整的所有權，而且資金壓根就沒有到位。這下可好了，地主都來向我們討債了。」我整個人火冒三丈，簡直可以把電話給燒了。我們這小公司本來有機會蓬勃發展，卻忽然可能瀕臨破產。「我們他媽的該怎麼辦啊哈利？到底欠了多少錢？」我大吼起來。

「呃，至少欠了四十萬美元。」他說。

「我的天哪！」

「雷，我想到一個辦法，或許可以幫我們度過難關。我們可以向麥當勞的供應商借款三十萬左右。另外，我在皮奧瑞亞市有認識的人，他叫哈利．布朗查（Harry Blanchard），娶了一位寡婦，這寡婦名下有座大型釀酒廠，這位布朗查先生也有些錢可以借人周轉，我想他會願意幫我們的忙。」

哈利的辦法確實有道理，畢竟我們公司的成敗，確實攸關供應商的利潤。他們很清楚麥當勞的加盟餐館有潛力成為大客戶，也知道我們是正派經營。因此，我便要哈利盡快著手進行此事。最後果然奏效，波爾曼紙品公司（Perlman Paper Company）、艾爾金乳製品公司（Elgin Dairy Company）、瑪麗安烘焙廠和CFS經銷物業的老闆們都同意借款給我們；哈利的朋友布朗查先生以及他的同事卡爾．楊（Carl Young）也慷慨解囊。

我不記得後來克萊姆．波爾的結局如何。他似乎也賣起漢堡，本想與我們公司競爭，最後卻以慘賠收場。這種情況屢見不鮮：一開始與我們合作，之後設法複製營運模式另起爐灶，想打造個人飲食帝國。波爾如果沒那麼貪心，老實按照原本合約內容去做，很可能早就闖出一番名堂。此事帶來嚴峻的挑戰，但最後證明只要堅定意志，努力不懈，逆境反而可以成為助力。我們一度陷入財務危機，但我們手上有八個絕佳地點，而且正因如此，我們與供應商的合作關係更加密切。不過，最大的斬獲莫過於我們從此有勇氣進行大筆借貸，因此能快速拓展麥當勞的版圖。

一九五九年，我的淨資產大約只有九萬美元，難以籌措到高額的貸款。我曾求助於「伊利諾州大陸國民銀行」（Continental Illinois National Bank of Chicago）董事會主席大衛·甘迺迪（David Kennedy）；他後來成為尼克森總統任內的財政部長。我向他說明麥當勞極具活力和成長潛力，他禮貌地聽完後，表示想看看公司的財務報表。他瞄了一眼單頁報表後便站起身來，當下我就知道談話結束了。他的態度很友善，而我其實也真的不能怪他，但這回碰壁仍讓我耿耿於懷。想當然爾，我從此再也不跟這家銀行有所往來。

於此同時，一位名叫米爾頓·古斯坦（Milton Goldstandt）的保險業務員主動聯絡上哈利。他表示可以替我們向「恆康人壽保險公司」（John Hancock Life Insurance Company）申請融資，不過條件是我們得付一筆鉅額佣金，還要出讓部分股權。我當時並不贊成，但哈利認為不妨一試，順便觀察合作情況。

起初，古斯坦找來恆康人壽的前副財務長李·史塔克（Lee Stack）幫忙；史塔克當時已退休，轉任「普惠證券經紀商」（Paine, Webber, Jackson & Curtis）的合夥人。哈利和史塔克兩人開始走訪全美各地，設法為麥當勞爭取貸款。結果，我根本不必擔心古斯坦的要求，因為向恆康人壽申請大筆融資的計畫並未實現；不過在史塔克的協助下，哈利之後仍然談成了十來筆貸款。

在討論申貸的過程中，我們逐漸覺得，麥當勞必須直營至少十家餐館；如此一來，我們才有穩固的收入來源，不怕麥當勞兄弟控告我們違約（畢竟他們一直沒寄掛號信來，表示同意餐館加蓋地下室和烤爐）。我們也做好最壞的打算，頂多就是省吃儉用，換個招牌繼續經營；在此還得感謝波爾，啟發了我們這項靈感，這就好像感謝歹徒搶了錢卻沒害命一樣。

開設直營店當然需要大量資金挹注，但哈利認為他可以再請史塔克幫忙安排此事。哈利最後交給我的提案是由三家保險公司出資，總計一百五十萬美元，條件是取得麥當勞二二．五％的股權。哈利向我介紹了其中兩位業務負責人：「國家互惠壽險公司」（State Mutual Life Assurance）的佛瑞德．費德里（Fred Fideli）和「麻州保險協會」（Massachusetts Protective Asscciation）的約翰．嘉斯奈（John Gosnell），他們代表公司說明共同出資的內容。這項提案十分吸引我，兩位負責人也確實內行，但唯一的問題在於，我們內部該依什麼比例讓渡股權。要我放棄辛苦得來的公司股權，實在有違波西米亞人的節儉天性，但一百五十萬的誘惑確實難以抗拒。我和哈利與瓊恩再三討論後，決定每個人各自出讓二二・五%，亦即我還持有五四・二五%的股權。

事後證明，這是這三家保險公司有史以來最成功的一筆交易；數年後，他們以七百萬至一千萬美元不等的金額，賣出了麥當勞的股權，投資報酬率驚人。（不過，要是他們等到一九七三年才賣，可以獲得超過五億美元。）

於是，這筆貸款推動了麥當勞於六〇年代的高速成長。當然，我們還需要更多資金才能順利上軌道，但若少了這筆貸款，我們就只能原地踏步。我們的第一家直營餐館位於加州托倫斯市（Torrence），是從加盟業者手上買回來的。一九六〇年夏天，第一家完全由公司投資興建的麥當勞餐館，在俄亥俄州哥倫布市正式開幕。

時至今日，我依舊十分感激哈利能夠談成那些貸款。然而，這也反映出哈利對公司本身的態度，進而埋下了我們經營理念不合的種子，最終導致我倆分道揚鑣，甚至差點把整個麥當勞給毀了。從那時開始，哈利漸漸不把麥當勞視為賣漢堡的生意，而是看作房地產事業。依照他的規劃，我們簽訂的貸款期限不可超過十年，即使是二胎貸款也不行，而我們的土地租約卻是二十年；換句話說，十年後貸款清償完畢，店面營收就全部成了公司利潤。這點無可厚非，不過哈利有個觀念我無法認同：我們既然沒有義務和加盟業者續約，特許經營權一旦到期，公司就可以接手經營全部餐館。我絕不贊成這個做法，只要我跟佛瑞德·特納的影響力還在，麥當勞必定會堅守漢堡餐館的定位，而且公司如果要蓬勃發展，就得仰賴許多加盟業者的自主經營。麥當勞當然買下了許多餐館（細節會於後文詳述），但過程公開透明，好讓加盟主了解情況，盡可能不虧待任何人。我們也體認到，**麥當勞擁有的直營餐館如果超過三成，勢必會是龐大的負擔，效果適得其反**。我們對加盟主喊出的口號是：「執業當老闆，不必從頭幹。」[1]這也是麥當勞成功的一大祕訣。

三家保險公司帶來的融資成了麥當勞的發展動力，但隨之出現了一個怪現象：我們如今固然有獲利，卻沒有現金流。

主因是當時會計法並未對遞延支出（deferred expense）有嚴格規範。我們一連十八個月把不動產和建設所需的經常費用全都計入資產，稱之為「發展期記帳法」（Developmental

1　原文為"In business for yourself, but not by yourself."

Accounting），使我們的報表得以出現盈餘，但也因此無法忠實呈現公司的損益。

五〇年代後期，我們聘用了一批基層員工，以麥當勞的未來願景為號召，但僅支付最低薪水。對此我並不覺得心虛，畢竟自己當時收入也不高，而且那些努力打拼到現在的人，如今都相當富有。

我們僱用了鮑伯．帕普（Bob Papp）擔任吉姆．辛德勒的繪圖員，他後來成為掌管餐館建造工程的副總。另外，我們也找來約翰．哈蘭（John Haran），協助哈利處理不動產事宜。隨著員工增加，我們也需要更多空間，原先兩房的辦公室已不敷使用，於是便在同一區尋覓地點，開始拆牆整併、擴張面積。

某日，哈利說他打算聘請一位名叫狄克．伯倫（Dick Boylan）的年輕人，幫忙處理財務事宜。哈利說：「雷，他是律師也是會計師，而且絕對跟我們合得來。他和他的合夥人鮑伯．萊恩（Bob Ryan）都在賣保險，懂我的意思嗎？他們知道如果用推銷保險當藉口，根本不可能見到我。但他們剛好都在國稅局工作過，就跟我的祕書說他們是國稅局的人。我心想：『老天，國稅局來幹嘛？』我便請瓊恩一起進來接待他們。伯倫露出靦腆的笑容說道：『索恩本先生，我們兩個都曾在國稅局工作過，可以設計貴公司專屬的保險方案……』此話一出，瓊恩就立刻動搖了，我自己也無法再繼續擺張臭臉。」

「他們的提案相當棒，簡報也很了不起，瓊恩聽完十分滿意，就是她建議我僱用狄克的。」

狄克．伯倫如今是麥當勞的資深執行副總兼財務長。他加入團隊後沒多久，我們也聘用了他的前合夥人鮑伯．萊恩，現在成了麥當勞的副總兼出納長。這個時期我們招募了不少新血，許多人如今都在麥當勞位居要職，或者成為加盟大亨。其中一位優秀的老戰友是摩瑞斯．戈法伯（Morris Goldfarb）。一九七六年，他在夏威夷的加盟主大會上說道，他很肯定，如果業界進行統計，雷．克洛克一定是史上造就最多百萬富翁的人。這點我不敢講，很感謝他的過獎，但我倒認為自己只是給予很多人機會，讓他們得以成為百萬富翁，而功不唐捐，我只是提供管道而已。不過，我知道的成功故事確實不勝枚舉。

加入麥當勞並不等於加入成功保證班，還必須具備膽識和毅力，才能將麥當勞餐館經營得有聲有色；一般人毋需具備特殊才能或知識水準，只要有些常識、堅持原則和熱愛工作就算合格了。我曾多次站在一大群加盟者的面前，語氣堅定地主張，任何經營麥當勞餐館的人，只要努力不懈地工作，都可以成功，甚至成為百萬富翁。

當然，誠如所有小生意一樣，總是少不了風險和困難。有些餐館因為地段的原因，頭幾年生意一直不盡理想。但是這些餐館幾乎都陸續擺脫困境，順利成長起來。從摩瑞斯・戈法伯的經驗就可窺知，他是最早取得加盟的業主之一。我在德普蘭市的餐館開業後一年，他也在洛杉磯堤黑拉大道（La Tijera Boulevard）上也開了家餐館。我還曾親自到他的餐館看過，覺得地段絕佳，向他連番道賀。但不知為何，他的生意一直不見起色。摩瑞斯先賣掉了一間苦心經營多年的小餐廳，再和兒子榮恩一同加盟麥當勞。他原以為這下終於可以熬出頭了，沒想到得更加賣命；他的營業額根本不足以僱用足夠的員工，他和兒子整天忙得焦頭爛額，一人得負責兩個工作崗位。

摩瑞斯打電話向我大吐苦水：「雷，我在這裡每個月平均營收五千美元，生意較好些時，頂多七千美元，但鎮上另一頭的皮克速食餐館（Peak's），地段沒有我們好，每月卻進帳一萬二千美元！」

皮克速食是麥當勞兄弟早期給予特許經營權的餐館，那時我還沒加入漢堡業。我便向摩瑞斯建議，他可以聯絡麥當勞兄弟，請他們協助一下。他深表贊同，遂決定照做；沒想到幾天過後，他又打電話給我，語氣更加不爽。

「這實在是太扯了！我把那兩兄弟從聖伯納迪諾請過來，結果他倆整天就只會到處閒晃，最後準備打道回府時，你猜他們跟我說了什麼？他們說：『你的餐館沒什麼問題，只要繼續保持下去，生意自然會好起來。』哇靠，這種鬼話最好是幫得上忙啦！」

我便告訴摩瑞斯，我會親自過去店裡瞧一瞧，看看能否找出問題。但是說也奇怪，我從各個面向研究了老半天，仍然百思不得其解。

這個問題前後持續了五年之久，等到摩瑞斯把相關設備的貸款還清之後，財務壓力才稍微緩和下來。後來，我在加州也設立了辦公室，新蓋了許多餐館，並開始在當地打起廣告，摩瑞斯的生意也隨之好轉。一九七五年，他經營的堤黑拉分店營收接近一百萬美元；如今，舊餐館的建築早已拆除，原址現在是棟新餐館，看上去美輪美奐。

我剛加入麥當勞的前五年，加州各分店的營運狀況實在很差；每當想到此事，我就滿肚子氣。那時我常常被搞得焦頭爛額，這跟我在家中面對太太時所感到的挫折，有不少相似之處。我跟麥當勞兄弟簡直活在不同的世界：我努力想把麥當勞拓展成全球最大的一流餐廳，他們卻滿足於現狀，懶得冒任何風險或提出更多要求。但我也無能為力，加州實在太遠，我人在芝加哥絕對無法妥善處理。

後來，我請佛瑞德・特納前往加州，回報麥當勞兄弟餐館的營運狀況。結果讓他目瞪口呆，一切簡直毫無章法。除了聖伯納迪諾的創始店是「血統純正」的麥當勞餐館，其他店家在菜單上幾乎都摻雜了別的餐點，其中不乏披薩和墨西哥捲餅等。漢堡的品質同樣低劣許多，因為他們把內臟納入肉排當中，結果脂肪含量過高，使得漢堡變得非常油膩。麥當勞兄弟對於這些陋習完全置之不理，他們底下的業者也拒絕跟我合作一起大量採購或參與廣告活動。我請他們拿出營業額的百分之一，資助我們的廣告宣傳活動，畢竟這樣對雙方皆有利無害，但他們完全不願配合。我當時只能忍氣吞聲，如此不愉快的經驗不僅影響到我而已，也傷害了摩瑞斯・戈法伯等許多優秀的加盟主，他們等於平白犧牲掉五年的成長。

我們這一行對於廣告和公關，通常抱持兩種態度。一種是小器鬼的觀點，他們把花在廣告宣傳的每分錢一律視為支出；我則是從推廣者的角度來看，該支出的宣傳費用絕不手軟，因為這些開銷會帶來更大效益，不過我所謂的效益可能並非小器鬼所能認同。他們目光如豆，認為收銀機裡的現金才算收入；但對我來說，收入可能是無形的，例如顧客滿意的笑容。這類的微笑價值不斐，代表他會再回來消費，甚至可能帶朋友一同前來。愛看麥當勞電視廣告的兒童，若帶著阿公阿嬤來店裡，就是替我們增加兩名顧客。這就是廣告支出產生的直接效益，但小器鬼難以認同，只覺得魚和熊掌可以兼得。

哈利．索恩本並不吝嗇，反而很樂意花小錢賺大錢。但他凡事講究條理，而且重視理論上可行與否。因此，一九五七年我以每月五百美元的價碼聘用一家公關公司，他得知後就大發雷霆。他覺得自己和瓊恩為了公司領取低薪，如今卻要支付公關公司龐大費用，等於是踐踏他的自尊。而對於此舉有何助益，我起初也說不清楚，讓哈利更是惱怒不已。他的顧慮確實有理，但我的決策也沒有錯。那家公關公司現在名為「高誠公關」（Golin Communications），仍然與我們有業務往來，麥當勞這個名字能夠家喻戶曉，他們絕對功不可沒。

小器鬼不時還會展露另一項特點：面對競爭對手時，容易抱持負面的心態。他們會對競爭對手心生嫉妒，不但想掌握對方的祕訣，還會找機會從中作梗，並且盡可能用各種手段去抹黑對方。

幸好，麥當勞企業中的小器鬼不多，這種人和我們的企業文化格格不入，很快就會被淘汰。但曾經有員工認真向我提議派遣間諜，前往競爭對手的公司臥底。各位讀者，你們有辦法想像麥當勞叔叔變成雙面特工嗎？面對這類荒誕的想法，我的回應都是：**想了解對手的營運狀況，只要瞧他們的垃圾桶就好**。在此向各位保證，我可是一點也不怕髒，還常在凌晨兩點多，翻著同業的垃圾堆，看看他們白天用了多少箱肉、多少箱圓麵包等等。

我運用積極的方式與競爭對手抗衡。只要凸顯自身優勢，強調品質（Quality）、服務（Service）、清潔（Cleanliness）與價值（Value），對手就只能在後面疲於追趕，屢試不爽。舉例來說，之前提到的喬．波思特在密蘇里州春田市開的麥當勞就極具競爭力，當地不少速食業者群起仿效。（順帶一提，我們做完地段評估後，許多同業只會搭順風車，常把店開在我們餐館附近，有時索性就開在隔壁。）但他們全都不是喬的對手，一家接著一家關門大吉；喬既沒有模仿他們的營運策略，也沒有在他們店裡安插間諜，單純貫徹麥當勞QSCV的理念來面對顧客。

然而同業不時會在我們店裡安插間諜，曾經有家知名的加盟業者取得了我們的營運手冊，據說打算藉此增賣漢堡和薯條，拓展他們的汽車餐館銷售品項。**我無法阻止對手模仿我的風格、偷走我的計畫，但是，他們偷不走我腦子裡的想法。因此，我總是能領先他們一哩半。**

在此舉一個絕佳案例：一九六〇年八月三十日，我們在田納西州諾克斯維爾市（Knoxville）開了第兩百家餐館，加盟主是位前陸戰隊少校，名叫利頓・卡克蘭（Litton Cochran）。當時某家大型連鎖漢堡店就開在附近，利頓的餐館開幕當日，他們就祭出一項優惠：五個漢堡只要三十美分，之後整整促銷了一個月。利頓因此賣不出半個漢堡，但他還是有賺些錢，因為不少人選擇在競爭對手那裡外帶漢堡，再到他的店裡購買汽水和薯條。利頓心想，他只要再撐一下，等不久後對手發現成本不堪負荷，就會停止促銷優惠，他的生意也將隨之好轉。結果，競爭愈來愈激烈，對手竟然推出全新優惠：漢堡、奶昔和薯條都只賣十美分！

這下子，利頓的生意真的大受影響。他當時是諾克斯維爾市行銷與業務主管協會的主席，有些會員對這種促銷伎倆相當感冒。一位律師就告訴利頓，這家連鎖店運用削價競爭，意圖逼迫麥當勞餐館倒閉，明顯違反聯邦交易法；他還表示願意代表利頓向政府提起訴訟，控告不肖的同業。

利頓拿不定主意，只好來芝加哥找我，說明事情的來龍去脈。

這位前陸戰隊軍官退伍前，對於不堪入耳的髒話想必早已見怪不怪，但我相信，當天下午我那番語重心長的訓斥，絕對是他畢生唯一的經驗。

我說道：「利頓，別人說幾句你就動搖了，這並不是好事，我想你也曉得，但我得提一件我深信不疑的事。**美國之所以偉大，就是因為我們擁有自由企業制度。如果我們必須仰賴政府插手來擊退競爭對手，那我們早該關門大吉了。**如果我們無法提供更美味的漢堡、當個更優質的商家、提供更迅速的服務和更乾淨的用餐環境，那我寧願明天立刻破產倒閉，之後再從事別行，重新開始。」

這番話想必奏效，利頓跟我說，他恨不得馬上衝回田納西的餐館繼續打拼。從此以後，我再也沒聽過他抱怨競爭對手半句，實在是好事一樁，畢竟現在他可是諾克斯維爾市十間麥當勞的老闆！他也兼任田納西州立大學全美校友會的主席，並且時常回校演講，分享行銷的二三事。我還聽說，他的演講最精采的部分，談的正是自由企業制度的優點。

第10章

現金流

阿爾特・崔格（Art Trygg）是我屆耳順之年的摯友。他以前是羅林格林鄉村俱樂部的員工，我經常去那裡解決晚餐。我原先請他來幫麥當勞加盟主撰寫新聞通訊，但他沒多久就成為我的泊車專員兼司機。我倆動不動就廝混在一起，像童年死黨那般要好。阿爾特的幽默中帶有粗俗，跟我吃飯時會專心聽我說話，我當時就需要這樣的朋友，因為，我生命中出現了一位讓我魂牽夢縈的女子，沒錯，我戀愛了。

她的名字叫裘妮・史密斯（Joni Smith），住在聖保羅市。

我們初次邂逅是在克萊堤恩餐廳（Criterion），我那趟行程主要是拜訪餐廳老闆吉姆・奇恩（Jim Zien），他有意成為麥當勞的加盟主。我吃著晚餐，卻無法專注與他交談，因為背後飄來悠揚典雅的風琴聲，讓我體內的音樂細胞甦醒過來，渴望跟著明快的節奏共舞。後來，吉姆總算帶我過去認識那位風琴手。

哇！

她一頭亮眼的金髮，讓我看得目瞪口呆。她已嫁作人婦，我也還是人夫，只能刻意忽略兩人眼神交會的火花，但那時的情景讓我畢生難忘。

接下來幾個月，我常常見到她。吉姆・奇恩向我請教麥當勞的加盟事宜，讓我有絕佳藉口造訪那家餐廳。我們起初只是閒話家常，接著開始合奏風琴和鋼琴，進展到後來，我們一聊就停不下來，我向她傾吐我經營麥當勞的理念，以及對於公司未來的展望。裘妮善於傾聽，實在深得我心。

奇恩最後選定在明尼亞波利市開他的第一家加盟餐館；說巧不巧，他請裘妮的先生羅蘭過去擔任店經理。因此，裘妮便得常常跟我通電話，我們常常討論許久，內容當然是關於麥當勞的業務，但仍逐漸地日久生情。每次掛上話筒，我整個人洋溢著喜悅。

如此強烈的愛慕之情，讓我無法再和伊莎爾同住一個屋簷下。我搬出了阿靈頓高地的家，住進懷特霍爾（Whitehall）的一間公寓。接下來，我便要向裘妮提議，彼此先各自和另一半離婚，我們才有辦法結婚。我曉得這對她來說是一大難題，畢竟我們的成長背景都很重視宗教禮俗，從小接受的教誨便是婚姻神聖。裘妮實在無法下定決心。最後我想，既然總得有人身先士卒，那不如我先離婚好了。

就這樣，我重獲了自由。除了保留麥當勞的股份之外，伊莎爾幾乎得到我名下所有財產，包括房子、車子、保險，以及每年三萬美元的贍養費。這筆錢我付得心甘情願。我對伊莎爾抱持敬意，她為人既善良又顧家，我只希望她衣食無虞。但眼前的問題是籌措律師費用，我的律師要收兩萬五千美元、她的律師則要收四萬美元。我若要籌到這筆錢，唯一方式就是賣掉普林斯堡代銷公司。在哈利的安排下，我與麥當勞高階主管達成協議，他們會以十五萬美元現金買下普林斯堡。雖然普林斯堡的市值絕對遠遠超過這個價錢，但我並不介意，畢竟我急著要用這筆錢，同時也能讓自己人受惠（他們後來將普林斯堡以一百萬美元售出）。

現在只要等裘妮離完婚，我就可以和她結婚了。只要想到這點，我就滿心期待。我知道她仍需要時間說服自己，但最後她一定會選擇離婚，我們就可以名正言順成為夫妻。我向她表達我的想法，看著她默默思考，我並不意外，這樣的反應已經比我想像中來得好。當然，一如我所預料，她仍然需要時間想想，於是我將自己埋首於麥當勞的業務之中，試圖減輕等待的焦慮。

對我而言最為重要的公司計畫，就是結束與麥當勞兄弟的合作關係。一部分是出自個人因素：這對兄弟老愛玩些商場的小把戲，讓人愈來愈難以忍受。舉例來說，我把紙品供應商好友盧．波爾曼（Lou Perlman）介紹給他們認識，而他們也開始向波爾曼購買所有紙製品。這對兄弟會來芝加哥找波爾曼，要他開車載他們四處勘察當地所有麥當勞的據點，但他們就是不造訪公司總部，連一通電話也不打。每回都是波爾曼事後跟我報告，他們去了哪些地方、說了些什麼話。

但我想和他們切割的最主要原因，還是因為他們堅持拒絕變更合約條款，有礙麥當勞的發展。他們把不合作的態度推託給委任律師；的確，我和這位律師的關係一向劍拔弩張。但無論如何，我只想盡快擺脫他們倆的掌控。

我在跟波爾曼以及其他人聊過以後，得知有機會說服麥當勞兄弟賣出旗下事業。哥哥莫里斯的健康狀況不佳，弟弟理查對此曾表憂心，還表示有意退休。我很想助他一臂之力，但又擔心得付出鉅額的成本。我和哈利有好多次促膝長談，剖析一切利弊，想討論出最好的解決辦法。最後，我們決定單刀直入，因為如果迂迴拐彎地談條件，他們的律師只會浪費時間爭論細節，結果還不是一樣！

於是，我打電話給理查．麥當勞，請他出個價碼。兩天後，他的確開價了，我聽到完全愣住，不僅話筒掉了，下巴也差點掉下來。他問我哪來這麼大的聲響，我的回答是，因為我準備從拉塞爾瓦克大廈的二十樓跳下去。他們竟然獅子大開口，開價兩百七十萬美元！

理查解釋說：「我們希望每人扣稅後能分到一百萬，這價碼涵蓋了權利金、商標權、聖伯納迪諾餐館等全部的加總，畢竟你也知道，這些都是我們辛苦掙來的，而且我們從事這行也超過三十年了，每週工作七天，日復一日，很不容易。」

真是感人的一席話，但是我完全擠不出半滴同情的眼淚。

如此龐大的金額，勢必得運用高超的金融手腕才籌得到。我請哈利去拜訪之前借我們一百五十萬美元的那三家保險公司，心想可以碰碰運氣；我們其實也別無選擇，因為對於麥當勞的借款事宜，他們在一段時間內擁有否絕權。但是，嘉斯奈卻說，保羅里維爾人壽（Paul Revere Life）無力負擔這筆款項，費德里則表示，國家互惠壽險公司（State Mutual Life）也抱持同樣看法，而麻州保險協會當然無法單獨出資。因此，我們等於被三振出局，只能到街上找聖誕老公公要錢了。

我那時的心情盪到谷底，便打電話給裘妮訴苦。我對她說，如果她能陪在我身邊，我會感到寬慰許多。但她卻說需要更多時間，還沒辦法下定決心。

他媽的！

哈利後來在紐約找到我們的金主，名叫約翰．布里斯托（John Bristol）。他當時擔任十二所教育單位和慈善機構的財務顧問，包括普林斯頓大學、霍華德大學、卡內基理工學院和福特基金會等等。我們最後達成的協議，值得在美國金融史上記上一筆。哈利很滿意如此縝密的安排，以下是協議內容：

布里斯托的顧問群（我們的檔案裡稱他們為「十二使徒」）願意借我們兩百七十萬美元現金，條件是我們得支付麥當勞總營收的〇．五％，而且前後分成三期攤還。第一期之中，我們必須支付總營收的〇．四％，剩下的〇．一％保留至第三期；至於〇．四％之中有多少是當作利息，則是以二百七十萬的六％來計算，其餘部分則用來償還本金。本金償還完畢後，就代表第一期結束。第二期的時間長度同第一期，我們在期間直接支付總營收的〇．五％。最後到了第三期，我們則支付第一期所剩餘的〇．一％。

根據我們原先的估算，必須到一九九一年我們才有辦法付清款項，但那是以一九六一年的營業額為基準。實際的情況是，我們在六年內就付完了本金，並於一九七二年償還了所有貸款。

這筆交易十分成功，可謂皆大歡喜。「十二使徒」最後總共賺進一千兩百萬美元，這個金額固然驚人，但別忘了在這之前，我們本來就固定要把營收的〇．五％付給麥當勞兄弟。雖然我們總共花了一千四百萬美元，但是在省下付給兩兄弟的〇．五％後，麥當勞接下來數年的利潤迅速飆升，不可同日而語。現在，以麥當勞動輒超過三十億美元的年營收來看，區區〇．五％就有一千五百萬美元。

麥當勞兄弟就此開心地展開退休生活，前往各地旅遊，並在棕櫚泉市投資房地產。莫里斯幾年後就過世了，理查搬回新罕布夏州，和他童年的初戀女友結了婚；她名叫桃樂西．法蘭奇（Dorothy French），是曼徹斯特市銀行家的女兒，個性相當討人喜歡。當時正好她前夫過世，理查則和前妻離了婚，兩人再度相逢當屬天意。我還聽說，理查梅開二度之後，性情中少了新英格蘭人的執拗，多了些圓融，現在回想起以前和我的合作，甚至還稱之為「最棒的合夥關係」。

事情總算解決，我當然也開心，只不過這樁交易其中一項，有如魚刺入喉，讓我久久難以釋懷——麥當勞兄弟最後竟臨時決定，想保留原來聖伯納迪諾的餐館，打算讓自己的員工接手經營。這簡直是他媽的沒品！我當時迫切需要那家店的收入，況且全加州找不到第二個地點如此佔盡地利之便。我高分貝表示反對，但他們堅持不讓步，否則之前談的所有條件一律作罷。最後，我只好在他們對面開了一家麥當勞，他們則把店名改為「The Big M」，但終究因經營不善而關門大吉。但正因為這起事件，我才無法對麥當勞兄弟施予任何同情，也無法原諒他們的所作所為；他們視承諾為無物，逼得我重新來過，像奴隸般拼死拼活地賣命，才讓加州的生意慢慢好轉。

加州耶！我在那兒看到了美好的願景，不由得心生嚮往。當時，全美人口成長速度最快或經濟文化發展最蓬勃之地，已經從原本的東北部，逐漸轉移至南部與西南部。我當然希望麥當勞能夠順勢搭上這股浪潮。

「老實說，我一直覺得我應該去加州設立個辦公室……」我向阿爾特．崔格說道。

「我認識一個人，他跟你有同樣的念頭耶。」我這位司機好友一邊開著我的福特雷鳥，梭巡於密西根大道的車陣中，一邊語帶挖苦地說道：「醫生建議他每晚盡情暢飲啤酒，結果他的腦袋就清醒多了。」

「阿爾特，你難道不喜歡泡在陽光下嗎？」

「老雷，我個人偏喜歡浸在月光中。」

我對那個時期的記憶猶新，腦海存放著一幕幕的畫面，好像一本相簿，只需稍微翻翻，回憶就湧上心頭；這並非懷舊之情，而是再度確定我對麥當勞的信念，以及對經營團隊的信任。我每回對麥當勞的信念，是有如篤信宗教那樣的虔誠。在此聲明，我無意冒犯聖三、古蘭經或聖經，但我確實這麼認為。我常說，生命中的三大信仰是上帝、家庭和麥當勞；在職場上，順序則恰恰相反，畢竟想要贏得百米賽跑，必須專心比賽，根本無暇去想上帝。麥當勞就是我的賽跑。

腦海畫面：一位瘦巴巴的年輕人表情嚴肅，坐在我桌子旁邊，看上去緊張萬分。他的名字是路奇·薩凡內基（Luigi Salvaneschi），不久前才來到美國。瓊恩資助他從義大利移民過來，安排他在伊利諾州葛倫艾琳鎮（Glen Ellyn）的麥當勞工作。我還在觀察他的潛力如何，他最大的弱點不在英文不好，他認識的字彙搞不好比我還多，問題在於他的學歷過高。

路奇畢業於梵蒂岡羅馬大學及拉丁大學，擁有教會法的博士學位；閒暇之餘，他會閱讀古希臘文來消磨時間。路奇本來想在美國大學教書，但相較於太太順利在印第安納州維爾帕瑞索大學（University of Valparaiso）找到教職，他萬萬沒想到，美國大學的正規課程已經不教拉丁文了，他的專業毫無用武之地。因此他便從麥當勞的基層做起，一路爬到店經理的位置。他老愛跟我解釋他所受到的「文化衝擊」：求學時代接受羅馬古典文化的薰陶，後來轉換跑道至麥當勞工作，體驗「移動式的社會」，因為顧客都是手裡拿著食物，邊走邊吃。他還認為紅白磁磚的大樓外觀應該重新設計。

這傢伙吃錯藥了嗎？

我最後還是決定讓路奇來麥當勞上班。由於他受過良好教育，因此除了一般生意上的問題外，他還很容易操心其他事，但似乎都能處理得很好。就工作表現而言，他足以勝任麥當勞直營店的經理。他在葛倫艾琳鎮的分店實施了一項創舉，亦即開設一系列的培訓課程。他認為員工未善盡責任招呼顧客，因此撰寫了一套「員工守則」，並且要所有員工到地下室，坐在烤酥油桶上，乖乖聽他上課；他甚至會規定回家作業，若員工表現有進步，也會予以獎勵。

當初我聘請佛瑞德·特納來麥當勞總部任職時，就有想過幫加盟主和店經理上課的事。佛瑞德也很感興趣，在之後的會議中，我們也不時提到這件事，只不過常有更要緊的事得先討論，只好暫且將其擱置。但佛瑞德一直惦記著，還跟經紀人班德、地區顧問尼克．凱洛（Nick Karos）等人合作，共同編纂加盟主培訓手冊。我們後來打算在芝加哥西北部發展迅速的鹿山丘鎮（Elk Grove Village）蓋一間直營店，我堅持要店內地下室的空間必須完整，不能像平常一樣只有局部可以使用。那裡正是日後漢堡大學（Hamburger University）的第一間上課教室。該店旁邊有間汽車旅館，遠道來上課的加盟主和店經理剛好可以投宿，十分方便。地下室的課桌椅旁散布著一袋袋馬鈴薯，這群學生則聆聽尼克．凱洛、佛瑞德．透納和東尼．菲爾克（Tony Felker）的講解。中午時分，他們就會至樓上店內實際操作早上所學。第一堂課共有十八名學生，最後獲頒漢堡學的學士學位，輔修則是薯條學。

重溫青澀成長的感覺實在是太美好了！我們看到全美各地報紙刊登麥當勞的故事、肯定我們對業界的影響、讚揚我們的加盟主參與社區事務，更感受到無與倫比的喜悅。

我們的成功故事，正好是當時美國民眾迫切需要的精神糧食。他們受夠了冷戰期間國際政治的對立，以及社會陰鬱慘淡的氛圍；蘇聯利用各種手段進行恫嚇，利用發表新型彈道飛彈，並發射第一枚人造衛星史普尼克（Sputnik）至地球軌道，使得美國人形成防衛心態，許多人在自家後院蓋起防空洞，或研究遭受核武攻擊時的應變方式。一九五九年秋天，蘇聯總理赫魯雪夫（Nikita Khrushchev）在聯合國大會上，向全世界表示，蘇聯共產體制會將資本主義徹底埋葬，並拿起一隻鞋子猛敲桌子，加強他的憤慨。

那個事件之後沒多久，爾文．庫奇內（Irv Kupcinet）在芝加哥週日時報專欄中寫道：

有九名船員即將退伍，很快就要離開五大湖區了；某日，他們一同前往拉塞爾瓦克街的麥當勞辦公室，拜訪老闆雷．克洛克。他們表示，由於九個人是同時入伍、同時退伍，如今希望能共同加盟麥當勞。克洛克順從其意，讓這九名同梯成為奧勒岡州波特蘭市分店的合夥人。這就是雷．克洛克所謂的美國資本家夢想的實現。赫魯雪夫，懂了沒？

麥當勞在全美各地展店期間，我舉行過許多記者會，也接受過各式專訪，但印象最深刻的一次訪談是高誠公關創辦人艾爾．高林（Al Golin）所安排，並由已故美聯社專欄作家哈爾．波爾（Hal Boyle）整理撰稿。我當時只知道波爾是得過普立茲獎的戰地記者，無論我在哪座城市，當地報紙好像都有他的專欄。我並不曉得他是紐約文壇數一數二大剌剌的作家；幸好，我事前也不清楚高林聯絡得焦頭爛額，因為他一度被波爾放鴿子，因為波爾壓根忘了專訪的事，便表示希望「擇期再約」。高林只跟我說聯絡出了點問題，所以無法午餐專訪，地點改在波爾的辦公室。

我當然不介意，但完全沒料到偌大的房間裡，隨處都是打字機和電傳機啪嗒啪嗒作響，吵雜到讓人幾乎無法思考。波爾這位老兄則貌似玩世不恭的愛爾蘭酒保，坐在一張書桌後面，上面堆滿著同事們所謂的「神聖垃圾堆，裡面無奇不有」。波爾先把一疊紙從椅子上推開，然後請我坐下，但我後來選擇坐在書桌邊緣。高林先生似乎有些手足無措，但沒關係，我此行目的是分享麥當勞的創業故事。於是，我邊說邊把音量提高，以壓過背景的嘈雜聲；其他記者和編輯一個接一個離開工作崗位，圍繞在波爾的書桌旁。我說完後，全場鴨雀無聲，所有人都還聚精會神聽著，其中幾位甚至表示想離開報業，加盟麥當勞。波爾也聽得興味盎然，他的那篇專欄文章開頭是：

美國之前掀起了一股披薩熱，但短短不到五年時間，雷・克洛克就打造了價值兩千五百萬美元的企業，憑藉的竟然是傳統到不行的食物——漢堡。「我把漢堡送上生產線。」五十六歲的克洛克如是說。他如今已是麥當勞的總裁，每年賣出一億個漢堡，每個只要十五美分！

文章接著描述我研發加盟制度的過程，並於結尾分享了他的觀察：

克洛克表示，麥當勞加盟餐館的生意相當興隆，平均年營業額二十萬美元當中，就有四萬美元的淨利，每位顧客平均消費僅有六十六美分。他語氣堅定地表示：「沒有加盟店失敗的案例……要失敗也很難，況且我們也不會允許這種事發生，一定會搶先接手經營。」

這些報導中都沒提到（我當時也不打算提起），雖然「發展期記帳法」讓麥當勞得以產生利潤，但是卻沒有實際的現金流。我們一面負擔著土地和建物的沉重開銷，一面依靠著加盟業者繳納的租金收入。前一百六十家麥當勞餐館中，只有六十家完全是我出資與建，向業者收取的權利金就比較高；其餘餐館都是加盟主所有，他們只需固定支付一．九％的服務費。正因如此，我們的財務狀況十分弔詭：總營業額持續成長，許多麥當勞餐館的生意蒸蒸日上，一家位於明尼亞波利市的餐館創下當時最佳銷售記錄，單月進帳三萬七千兩百六十二美元。但於此同時，公司總部卻差點發不出員工的薪水。哈利甚至規定，凡超過一千美元的薪資，一律按月支付（而非按週）。

就是在此情況下，狄克．伯倫決定僱用傑瑞．紐曼（Gerry Newman）這位初出茅蘆的會計師。狄克當時儼然成了哈利的分身：哈利幾乎把所有事情都向狄克說明，就連芝麻綠豆的小事也不放過，萬一自己哪天被卡車輾死，狄克才有辦法把剩下的工作如實完成。我們剛好需要一位熟悉建築會計法的人才，協助我們分析公司的成本；傑瑞先前曾在自來水承裝業和建築業當過記帳員，因此狄克才決定聘請他。傑瑞原先打算同時接其他客戶，但不久便發現，光是麥當勞的工作量就讓他忙不過來。若我們能幫他加薪倒還沒關係，但問題就是我們力不從心，只有工作量不斷增加。當時公司內共有四十五名員工，人事成本完全超過營收。終於，某個星期我們的銀行帳戶透支，無法如期支付員工薪水。傑瑞的辦法是將週薪改為雙月薪，並在公布欄張貼一份公告：員工若因領不到薪水而影響生計，可以向公司申請十五美元以內的借款。

腦海畫面：狄克的辦公室裡，我、狄克、哈利和傑瑞正在開晚間會報。我跟傑瑞不太熟，只聽說他非常聰明。我們正討論著會計事宜，剛好阿爾特·崔格走進來，帶給我們新加坡的伴手禮，包括烤肋排等好東西，我們得以暫時把記帳的事拋諸腦後。我十分感謝他及時出現，因為我真正想談論的，是全美分店回報的驚人營業額。

「聽我說，總有一天，我們的每月毛利會達到十萬美元，成為一家價值幾十億美元的公司！」

傑瑞聽到這段宣言後完全愣住，漢堡咬到一半就停了下來。他睜大了眼睛看著我，表情十分有趣，一副難以置信的模樣。

多年後，我才知道傑瑞當晚回家後，就告訴老婆說他跟我碰了面，還說不知道該把我當作瘋子還是夢想家，或根本是個發瘋的夢想家。他擔心的是麥當勞能不能撐到隔週，我卻滔滔不絕地說未來可以賺幾十億美元。一年過後，另一家連鎖汽車餐館想延攬傑瑞，並願意提供他兩倍的薪水，但被他斷然拒絕。對方沒料到會踢到鐵板，便追問起原因，傑瑞只回答：「我只認雷．克洛克作主管。」

傑瑞最後決定不跳槽，不只是對我完全信任，還需要膽識及遠見。傑瑞的某些思維模式跟我十分類似，比方說他記憶力極好，可以回想起特定情境的細節。不過，跟我不同的是，他擅長蒐集各種報告和零散紙張。因此，有關麥當勞的任何問題幾乎難不倒傑瑞，他甚至記得住連我都忘了的事情，實屬罕見。

犬儒之流老愛說金錢萬能，別聽他們胡說八道！錢也有買不到的東西，努力也不一定就有結果，幸福便是其中一項。接下來的問題完全見仁見智：若我此生未與裘妮邂逅，我還會幸福嗎？我不知道。的確，工作原本就佔滿了我的生活，然而遇到裘妮之後，我才了解生命原有的缺憾。所以我不惜一切勇於追求，我甚至願意放棄麥當勞的事業，只為贏得她的芳心。金錢在此毫無價值可言，我只能癡癡等待，希望她會來到我的身邊。

不知道過了幾個月後，裘妮終於打電話給我，表示她已經做出決定了，而且還是她的女兒和母親促成這項決定。她們都堅決反對裘妮離婚，裘妮又不願意和她們決裂，只得拒絕我的求婚……。那一瞬間，拉塞爾瓦克大街彷彿應聲崩裂，出現巨大裂縫，我們的辦公大樓也應聲倒塌，雷聲隆隆、閃電交加，徒留冒著黑煙的廢墟。當然，受到打擊的只有我一個人，但孤獨承受之下，這份痛苦好像放大了百倍之多。接下來幾個小時，我獨自坐在辦公室，任憑電話聲響個不停都充耳不聞，靜靜呆視著窗外天光漸暗、華燈初上。我聽到崔格從外面叫我，他站在門外，一臉疑惑地望著我。

「快把東西收收，阿爾特。」我告訴他，「我們現在就去加州！」

第11章

和協力廠商一起成長

一九五九年，哈利成功說服三家保險公司出借一百五十萬美元後，我便指名他擔任麥當勞的總裁兼執行長。我仍然保有董事長的職位，與哈利共事也都平起平坐。哈利專門處理金融行政事宜，我則負責零售營運面，亦即與供應商打交道等等。不過每當尋覓展店地點和興建餐館時，我們的利益和權力就會重疊，畢竟全公司只有我們兩人有權敲定新地段的交易。

我原以為搬至加州後，這樣的工作關係以及責任分屬會持續下去。我不確定哈利作何感想，但我認為，他內心一定覺得我離開芝加哥總部跑到加州，簡直是傻子的行為。總之，哈利愈發固執任性，我們兩人開始因為大小事起衝突，每回都是瓊恩居中協調才得以化解僵局。每當哈利違抗我的指示，一些年輕主管都感到相當為難，瓊恩就會找我們個別協商，好把事情解決。員工在辦公室都戲稱她叫「維和副總」。想當然爾，我和哈利之間的齟齬，很快就開始影響員工的士氣，芝加哥總部尤其明顯。於是，公司內部逐漸出現不成文的組織派系，亦即眾主管被劃分為克洛克派和索恩本派。哈利聘用了一位名叫皮特·克羅（Pete Crow）的不動產專員，野心勃勃，他夥同部分員工，構成索恩本派的主要人馬。

芝加哥總部的氣氛猶如進入冰河時期，但我根本就無能為力，因為光是加州眾多分店的問題就搞得我烏煙瘴氣了。幸好，我的努力最後有了成果。一九六一年至一九六七年間，加州所有的麥當勞餐館拋棄了毫無章法的經營模式，搖身變為欣欣向榮的速食體系，營業額與發展潛力也迎頭趕上全美其他分店。我足足花了三年的時間，才得以重整營運亂象，將業務導回正軌。由於洛杉磯是汽車餐館的起源地，類似店家在當地毫無節制地蔓生，經年累月下來，該產業已經累積了過多陋習。供應商紛紛與同業結盟，並把價格哄抬得老高；舉例來說，我們在芝加哥購買的圓麵包進價只要二十美分，同樣的麵包在洛杉磯卻漲到四十美分。肉品由於供應量不穩，因此價格波動得更為誇張；牛肉短缺時，速食業者簡直得掏空積蓄才能購買。更糟的是，加州的經銷商早已習慣提供回扣給加盟總部，以換取獨家合約，而且經銷商最後一定能回收成本，甚至提高價格後再轉售給加盟業者，藉此多撈一筆。

我們面臨的難題，就是要設法說服這群經銷商，表明我們是童叟無欺的企業，重視加盟主的權益，而且不收任何回扣。他們怎麼都不肯相信，只要以我們要求的價格及方式供貨，讓麥當勞的漢堡維持在十五美分售價，未來的成長將會讓他們荷包滿滿。麥當勞的制度尚未聞名於外，這凸顯問題的另一層面——銷量不足。

腦海畫面：地區顧問尼克．凱洛（Nick Karos）是跟我一起從芝加哥過來的主管群之一，協助我拓展加州市場。他站在一家麥當勞前面，這家店明亮乾淨，生意卻奇差無比。他一腳踏在消防栓上，站在角落靜靜觀察：奇特外觀的車輛在他面前川流不息，行人遛著戴鮮豔緞帶的狗兒，這些都是標準的洛杉磯人。他對我說：「雷啊，我們之所以沒有客人上門，是因為金色拱門的顏色完全融入背景之中，要別人注意到也難。我們得用些特別的方法來吸引他們的注意力。」

我答道：「沒問題，你想到辦法再告訴我。」

尼克確實有想到解決辦法，不過並非隔天或隔年就可以立即實施。佛瑞德．特納老愛說，我們四周都是鱷魚的時候，很容易就忘了最初目的是抽乾沼澤。首先，我們得解決供給面的問題，而尼克真是幫了大忙。他父親以前是伊利諾州喬利業市（Joliet）溫痞速食餐廳（Wimpy）的老闆，因此他對於操作煎爐可說瞭若指掌。他原先在芝加哥經營一家亨利漢堡攤（Henry's Hamburgers），並且幫我們在聖路易地區進行田野調查，同時跟佛里恩烘焙公司打交道。說巧不巧，創辦人哈洛・佛里恩退休後在加州定居。尼克便聯絡上他，並介紹給我認識。如前所述，我費了好大一番工夫說服他重操舊業，再蓋一座麵包廠，專門供應麵包給麥當勞加盟業者。他終究答應了，我們的財務前景也立即撥雲見日。

於此同時，我也在物色肉品供應商。我挑了一位以前旅行時認識的朋友，那時我還沒建立所謂的麥當勞體系（McDonald's System）。他名叫比爾・摩爾（Bill Moore），擁有「黃金州食品公司」（Golden State Foods）。我搬到加州的前一年，比爾就已把合夥人的股份全買了下來，但之後連續十三個月都在賠錢。他的工廠和設備都已經過於老舊，需要一筆資金周轉，因此他希望我買下黃金州食品公司。但我斷然拒絕，表示自己不希望麥當勞當起供應商。

「這樣的話，我現在需要一百萬美元應急，否則只有破產一途，你的借貸經驗豐富，有沒有什麼好建議呢？」

「比爾，你一定要堅持下去，我們現在有十五家店，但很快就會增加到一百家。到時你就可以東山再起，跟麥當勞一起成長了。」

他答應了，而事情也確實如我所料。麥當勞對於一路伴隨我們成長的供應商，絕對力挺到底，比爾便是很好的例子。一九六五年，他和合夥人買下聖地牙哥一家麥當勞分店；起初我不大看好那裡的市場，因為聖地牙哥屬於「傑克漢堡」（Jack-in-the-Box）的地盤，他們共有三十家分店。「主廚漢堡」（Burger Chef）之前企圖與它競爭，結果一敗塗地。比爾的分店起初生意不見起色，但後來漸入佳境；不過兩年多的光景，他們就增設了四家店，而在生意正逢「火力全開」之際，合夥人竟因心臟病發作而驟逝。我們用麥當勞的股票作交換，向比爾買下了那五家麥當勞。兩年後，比爾將股票售出，換來的錢足夠在加州工業市蓋一座大型製造廠兼倉儲設施。如今，他的肉品廠每年提供麥當勞三億片漢堡肉排，還兼產汽水糖漿與奶昔原料。比爾後來也加入經銷的行列，供貨給各地的麥當勞餐館；他把「一次供足」的概念發揮得淋漓盡致，亦即只要叫一趟卡車，就可以補齊所有貨品，此舉得以節省雙方成本。比爾在亞特蘭大也有一間工廠兼倉庫，另外在加州聖荷西市、北卡羅萊納州以及夏威夷，都分別成立了經銷中心。

類似的故事不勝枚舉，許多早期供應商陪伴著麥當勞，一起成長茁壯。我們的紙品供應商盧．波爾曼，跟我也是老交情了。以前，我們倆會一起拜訪客戶，我負責推銷多功能攪拌機，他則介紹自家的紙類產品。我們也常在開會場合碰上，慢慢就變成好朋友。因此，麥當勞剛起步時，我自然會想請他幫忙設計印有麥當勞標章的紙品。

我們談成的合作模式，讓雙方日後的獲利都大幅成長。麥當勞加盟店的紙類用品完全由他來供應，他的波爾曼紙品公司後來則成為「馬丁伯勞爾企業」（Martin-Brower Corporation）的子公司。他退休的時候，已是該企業的董事會主席。

另一個絕佳案例是哈里・斯瑪貢（Harry Smargon），他是麥當勞的烤酥油供應商。我之所以會知道他家的產品，實在純屬意外；當時有位迪克・基汀（Dick Keating）努力向我推銷他設計的薯條炸爐，我覺得十分滿意，時至今日，麥當勞依然使用這家製造的炸爐，但令我同樣讚歎的是，迪克在示範的過程中，使用了高品質的烤酥油。於是，我輾轉找到了哈里，他當時已經有間成立了三年的公司「州際食品」（Interstate Foods）。我在電話中向他要了三十磅的試用品。過沒多久，麥當勞所有分店都下了訂單，一次都是數千磅的烤酥油，哈里當然樂不可支。他在創辦「州際食品」之前，從事的是咖啡批發生意；根據他的經驗法則，客戶願意訂貨，都想要有額外的好康，例如字牌、時鐘、咖啡壺之類的贈品。因此，哈里某天打電話來說想跟我這位大客戶碰面。我二話不說就答應了。

那天哈里來到芝加哥的辦公室，我看得出來他沒料到麥當勞總部這麼小。我介紹瓊恩給他認識，彼此客套寒暄幾句後，他說道：「雷兄，你幫我帶來這麼多生意，為了表示我的感謝，我想送麥當勞各分店一樣東西，例如招牌或時鐘，任君挑選，怎麼樣？」

我答道：「哈里啊，你還不太了解我，所以我不怪你。不過，咱們就打開天窗說亮話，我不要你送我東西，你負責提供麥當勞一流的產品就好。什麼請客啦、喝酒啦、買禮物啦都可以免了，如果有省下的錢，就給加盟業者一些優惠吧。」

哈里的公司就這樣跟著麥當勞一同成長；而從此之後，我再也沒聽他提起回扣的事。

吉恩．維托（Gene Veto）是瓊恩找來的保險業務員。當時，我們手上有十六家加盟餐館，總計有五、六十份保單。我曉得應該要好好整理一番，但完全不知從何開始。吉恩把麥當勞所有保單都帶回家，花了一星期研究所有的內容。之後，他交給我們一份報告，詳列所有重複投保、保額過低以及保費過高的項目。我實在佩服得五體投地，提醒他別忘了向我們收費。

他說：「我並不打算收費，而且你們目前大概也支付不起。不過你們的經營理念很棒，我想未來一定還有合作的機會，保持聯絡囉。」

事實上，吉恩不但重整了我們所有餐館的保險項目，還準備了一份保險計畫書——按照這份計畫，很多餐館不限地點，可以共同投保，也有團體保費優惠。他的「吉勒保險公司」（Keeler Insurance Company）與麥當勞攜手成長；一九七四年，該公司整併於「法蘭克霍爾保險公司」（Frank B. Hall Company）之下，而吉恩則獲選為董事會主席。

我每次想到亞瑟（Arthur）和蘭尼・柯休斯基（Lenny Kolschowsky）兩兄弟經營的肉品工廠，就備感欣慰；這間工廠專門供應數百萬噸的冷凍肉排給中西部的麥當勞加盟主。我還記得，當初德普蘭餐館開張時用的第一噸牛絞肉，就是向他們的父親奧圖・柯休斯基先生購買的，那時他仍在附近開肉舖呢！

我們解決了加州供貨的問題後，便蓋了更多分店，生意也逐漸有起色，但仍然大大不如預期。一九六三年仲夏，尼克帶著他草擬的電視廣告提案來找我。這項提案預估會花費十八萬美元，他希望藉由把直營店內的漢堡價格，從十五美分調漲至十六美分，以支應這筆宣傳費。

我說：「尼克，這個計畫的確很棒，但我們不可能漲價。這樣吧，你回芝加哥去，提案給哈利・索恩本，讓他想辦法生出這筆錢。」

我認為他絕對過得了哈利那關，因為單頁計畫的摘要條理分明，明確指出實施廣告宣傳活動會回本數倍，否則長期下來我們會虧損更多。縱然哈利答應得很勉強，尼克最後還是成功了。我們策劃的廣告大受歡迎，全加州的人都認識了麥當勞，彷彿他們原先戴著眼罩，如今一拿下來，映入眼簾的就是金色拱門。藉由此次經驗，我才了解電視宣傳威力之大。

隨著加州生意逐漸好轉，麥當勞企業也開始收割早先計畫與投資的果實。一九六三年，我們終於撐過了租賃或購買土地的前期開銷，開始大幅獲利。

同一時期，麥當勞拓展直營餐館的計畫邁入第三年，一切進行得如火如荼，也大大提升了公司的整體利潤。

漢堡大學當時已完全整合到營運制度之中，一批批合格的加盟主與店經理分發到各地餐館，宣揚QSCV的福音。班級規模也擴大，每班招收二十五至三十人，每年約有八至十梯次的為期兩週的培訓。而每當伊利諾州艾迪森市（Addison）的研發實驗室開發出新設備，漢堡大學也協助測試相關的教育訓練。

這個研發實驗室設立於一九六一年，創辦人是瓊恩的先生路易斯。由於他原本就是葛倫艾琳鎮麥當勞分店的加盟主，因此有豐富的實務經驗。他認為店內需要更精密的機械設備及電子器材，才能加速食品生產線的流程，並提升產品的一致性。他的第一個研究計畫，就是開發一台電腦，用來計算薯條油炸的時間。我們原先的步驟取決於馬鈴薯的顏色和炸油冒泡程度，差不多後再從油中撈起；這只能仰賴每位負責炸薯條的員工自行拿捏，但不可思議的是，薯條外觀大多能保持一致。路易斯研發出那台電腦後，過油的時間就完全不用再費心思，還能根據馬鈴薯的多寡調整時間，以達到液體和固體的最佳平衡。他還研發出醬料按壓機，讓我們可以把定量的番茄醬和芥末加到漢堡肉排上。我們堅持肉排所用牛肉的脂肪含量不能超過一九%，但真的要貫徹這項原則很不容易，因為我們得把大量樣品送至外面的實驗室檢驗。自從路易斯發明「脂測器」（Fatilyzer）後，加盟主便可以在店裡測量牛肉，輕鬆又準確，一旦發現脂肪含量超標，就把整批貨退回；供應商只要被退過幾次貨，就會乖乖加強廠內品管。

見到麥當勞的營運狀況大有進展，我應該感到高興才對。

我們在加州辦公室有一群優秀又認真的員工：鮑伯・惠尼（Bob Whitney）負責房地

產業務、吉恩・波頓（Gene Bolton）擔任法律顧問、鮑伯・帕普經手營造事項、尼克・凱洛掌管營運工作。而我的祕書瑪麗・托瑞吉（Mary Torigian）則不時會製造笑料，讓辦公室的氣氛熱絡非常，和芝加哥總部肅殺的氛圍截然不同。舉例來說，我某天早上到班時，發現桑德斯上校（Colonel Sanders）[1]竟然在我的辦公室外頭打字；原來，那是瑪麗戴著肯德基的萬聖節面具。我毫不吭聲，直接從她身旁走過，還用捲起的報紙拍了一下她的頭。

我應該要感到高興才對，但我實在是沮喪到了極點。我的腦袋可以不去想裘妮，但我的心裡都還是裘妮的身影。她與她先生早就搬到南達科塔州的拉匹市（Rapid City），經營自己的麥當勞餐館，我從各地傳來的每日財務報表得知，他們的生意相當興隆。

我當時常常在想，她對我的思念，是否像我對她的思念一樣綿長？阿爾特・崔格搬回芝加哥後，我更是備感孤單；他在芝加哥有了個女友，是公司房地產部門的老員工，因此他自然不會想繼續待在加州。

我從原本的公寓搬到位於伍德蘭丘（Woodland Hills）的房子。我忙著添購傢俱，並在家中裝潢各種便利設施，只為了住得舒服。我心想，自己從來就沒有一個人住過這麼大的房子；但是潛意識裡，我仍默默希望裘妮有朝一日會改變心意，搬來和我一起生活。

那棟房子的一項優點，就是座落在山丘上，可以直接俯視位於交通要道上的麥當勞。我只要拿著雙筒望遠鏡，就可以從自家客廳看到店內的狀況。我後來告訴店經理這件事，他聽了差點沒昏倒，不過他的員工們確實特別勤奮！

有些人生來就適合當單身漢，但我並非如此。我大概真的需要結了婚，生命才能圓滿。正因如此，我才會如此醉心於珍妮。

珍妮．達賓斯．葛林（Jane Dobbins Green）是演員約翰．韋恩（John Wayne）的祕書，我們透過一位共同朋友認識了彼此。珍妮甜美的個性深深吸引著我，她面容姣好，有點像小一號的知名歌手桃樂絲．黛（Doris Day），言行舉止則和裘妮截然相反。裘妮的性格堅毅，清楚自己想要什麼；珍妮則相當溫順，即使天空十分晴朗，我只要說好像快下雨了，她仍會同意我所言。

我們認識的當天就共進晚餐，接下來連續四個晚上，我們都一起同餐。我迷戀得神魂

1　俗稱「肯德基爺爺」。

顛倒；不到兩個星期，我們就步入了禮堂。

當然，裘妮終究知道了我結婚的消息。某天，我接到她的電話，我們客套地聊了一下，結束前她問道：「雷，你快樂嗎？」

我心頭一怔，頓時語塞，過了好一會兒才脫口而出：「當然！」然後就重重掛上話筒。

第12章

理想的組織

我和珍妮把伍德蘭丘的房子給賣了，搬進比佛利山莊的一棟大宅邸。但我經常不在家，因為在一九六三年時，麥當勞還年輕，一切發展得很快，實在無暇顧及個人生活。那一年，我們在全美共蓋了一百一十間麥當勞分店，超越過去的紀錄；隔年的成果更是豐碩，麥當勞企業總營收達到一億兩千九百六十萬美元，淨利就有兩百一十萬美元。我經常得要洛杉磯和芝加哥兩地跑；在洛杉磯待兩星期後，隔週就要再回去總部。

由於麥當勞的營運規模拓展太快，加上哈利已退出辦公室的日常業務，專心研究麥當勞發行股票的事宜，因此我在芝加哥總部的工作更顯吃重。

哈利和狄克兩人已跟一些大企業商討可能的合併方式，包括「綜合食品公司」（Consolidated Foods）、「假日飯店」（Holiday Inns）、「聯合蔬果公司」（United Fruit）等。當時業界吹起一股公司合併的風潮，而與上市公司合併會帶來一些優勢。不過，我們與這些公司商討到最後都不了了之，因為我和哈利開出的唯一條件，就是合併後必須以麥當勞為存續公司。

我們打算讓麥當勞上市的原因，除了想要籌措資本，另一個目的是找一些錢給公司使用。我們已經讓麥當勞這個獲利機器順利運轉，而且是高速運轉；但是我們一直沒將收益另作他途，所有獲利都重新挹注於擴大公司的規模。

就這樣，哈利每天都在和銀行家、律師、經紀商等機構進行閉門會議，我則忙著把公司管理階層的權力下放。我們當時共有六百三十七家分店，若全部都由芝加哥總部來督導，勢必會造成人力不堪負荷。我始終認為，權力應該盡量下放，所以希望最熟悉各分店營運的人進行決策，毋需事事請總部裁示。

哈利不太贊同我的這種做法。他希望加強公司的掌控，亦即採取較為威權的管理風格。**我主張賦予每個職位一定的權力，決策難免會因此出錯，但唯有如此，才能鼓勵公司的優秀人才持續成長；實施高壓手段只會讓他們喘不過氣來，最後跳槽到別家公司。**根據和前老闆約翰・克拉克相處的經驗，我對這點有深刻體會。我認為，公司管理階層應該奉行「少就是多」的原則；就公司規模而言，今日的麥當勞或許是結構最不嚴謹的企業，不過我們擁有堪稱最快樂、最可靠又最認真的主管群。

針對麥當勞的管理問題，我提出的辦法是把全美劃分為五區。不過有鑑於西岸發展較為迅速，又最不易由芝加哥總部管理，我們決定先設立涵蓋十四個州的「西岸地區」，指派史帝夫・巴恩斯（Steve Barnes）擔任首位地區經理。

史帝夫原本在波爾曼紙品公司工作，向麥當勞銷售紙類製品，他在一九六一年加入麥當勞。一九六二年，他與肯恩・史壯（Ken Strong）合作開發出冷凍薯條；肯恩現在負責加州的食品研究實驗室。

我非常喜歡冷凍薯條這項創見；如此一來，我們就能確保愛達荷州的優質馬鈴薯供貨量會源源不絕，因為可以採購整批馬鈴薯並加工，毋需擔心放得太久而腐壞。這樣不但節省運費，而且相較於分裝成每袋一百磅，用來裝冷凍馬鈴薯的方箱更容易處理和儲藏，同時省去兩個麻煩又費時的步驟：去皮和過油。

麥當勞內部許多員工堅持傳統做法，認為炸薯條要好吃，就必須使用新鮮馬鈴薯。對他們來說，去皮、洗出澱粉而後過油已成為某種神聖儀式。這樣的態度大概和我脫不了關係，畢竟我向來十分注重這一點，並堅持漢堡大學的炸薯條課程必須按部就班。

但如果加盟主堅持要自己去皮，拒絕使用冷凍馬鈴薯，就好比硬要自己宰牛才願意做漢堡——當然去皮不會弄得血淋淋的，但還是很麻煩。至少有一家麥當勞就是因為馬鈴薯皮而經營失敗，有些分店雖然苦撐下去，但仍深受其擾。部分地區的麥當勞較為偏遠，當地土壤特性使得消毒池的作用不佳，我們的馬鈴薯是由金剛砂輪削皮後，再把所有的馬鈴薯皮沖入池中。簡直是臭氣沖天！我敢說，全世界任何一個馬廄的惡臭，都比不上一池發酵中的馬鈴薯皮，而顧客自然會對飄著屎味的餐館敬而遠之。

誠然，麥當勞成功的一大主因就是炸薯條的品質，我當然不希望因為使用冷凍馬鈴薯後，薯條品質下滑，反而有損商譽。因此，我們將冷凍馬鈴薯徹底檢驗，確定達到應有品質，才正式將其引進生產流程之中。

當時我們也在測試另一項新產品，最後證明是麥當勞的重大里程碑，亦即麥香魚堡（Filet-O-Fish）。這項產品其實是辛辛那提市的加盟主路易斯．葛羅恩（Louis Groen）急中生智的結果。早期我和哈利為了招募更多加盟主，可謂無所不用其極，因此路易斯透過跟我們利益交換，取得了辛辛那提市麥當勞的專屬經營權。路易斯在當地的勁敵是「大胃王」（Big Boy）餐館，該速食店佔據了大半市場；不過，他仍能搶攻部分客層，唯獨星期五例外。辛辛那提的市民絕大多數是天主教徒，而大胃王餐館菜單上有魚堡，兩相結合，每逢教堂規定的無肉日，麥當勞的生意幾乎就被大胃王餐館給搶走。

路易斯初次向我表示想賣麥香魚時，我當下的反應是：「哇靠當然不行！就算教宗本人要來辛辛那提，也不關我的事！他可以跟大家一樣乖乖吃漢堡；我們才不要賣什麼爛魚堡，整間餐廳都是魚腥味豈不臭死！」

但路易斯不死心，跑去找佛瑞德．特納和尼克．凱洛，讓他們相信他若賣不成魚堡，就只能把店給賣了。因此，他們進行了許多研究，最後提出一項簡報，終於成功說服了我。

我們當時的食品專家艾爾．伯納汀（Al Bernardin）與路易斯合作，研究該選比目魚還是鱈魚，最後決定使用鱈魚（cod）。我對此頗有微詞，因為這讓人聯想到兒時被迫吃魚肝油（cod liver oil）的記憶，因此我們再詳加調查，發現相關法令允許業者用「北大西洋白魚」來銷售鱈魚，這個稱呼就順耳多了。開發這項產品得留心許多眉角：烹調時間、麵衣種類及厚度、塔塔醬口味等等。某天，我人在研發廚房，艾爾告訴我說，路易斯店裡一位員工在魚堡裡加了片起司。

「對耶！」我驚呼道，「魚堡就是要夾片起司才對味，喔不，應該半片就好。」我們試吃後覺得美味極了，因此現在麥香魚堡裡都少不了起司片。

我們開始在限定地區的週五銷售麥香魚，但後來詢問度大增，因此一九六五年，全美各地的麥當勞每天都買得到麥香魚，廣告標語為「麥香魚抓得住你」（fish that catches people）。我跟佛瑞德和狄克這兩位天主教徒說：「你們等著看。現在我們砸錢買這麼多設備處理鱈魚，教宗以後勢必會把無肉日的規定給改掉。」豈料幾年後，這規定依舊還在。不過正因如此，麥香魚堡的銷售數字也就不斷攀升，看了心情就快活。

我敢說自己的味蕾頗為發達，通常可以預測大眾喜好的食物搭配，譬如上述的魚排加起司，但難免也會失準個幾次。「呼啦堡」（Hulaburger）就是個失敗的例子，我當初還打包票說呼啦堡的銷量絕對超過麥香魚堡。所謂呼啦堡，就是兩片起司加一片煎烤過的鳳梨，置入加熱過的圓麵包內，就是人間美味！我現在不時還會自己做呼啦堡當午餐，哪知在店內推出後反應奇差無比。一名顧客說：「呼啦有趣歸有趣，但漢堡裡的肉排呢？」呃，只能說魚與熊掌不可兼得。

一九六四年是麥當勞豐收的一年，但阿爾特．崔格因癌症過世，讓我頓時蒙上一層陰影。阿爾特真是不可多得的好友，總是有說不完的笑話和解決問題的辦法。某個週日我去上班時，手不小心被車門夾到，弄斷了一個指節，我立刻打電話給阿爾特，請他送我去醫院。

腦海畫面：我和阿爾特兩人在羅林格林鄉村俱樂部的餐廳裡，選了張我最愛的桌子坐了下來。我剛問他是否願意來替我工作，他的表情相當詭異，一副受驚的模樣。他開口說道：「克洛克先生，你不清楚我的過去。」接著就坦承他曾經坐過牢。原來在禁酒令頒布期間，他曾協助芝加哥的黑幫運送一卡車的啤酒，兩度被警方破獲。第二次被逮捕後，他被關進伊利諾州的重刑監獄。我拍了拍膝蓋，大聲對他說：「那有什麼大不了的！你已經付出代價啦，所以就甭提了吧！」阿爾特露出笑容說道：「好，那我什麼時候開始上班？」

我很欣賞阿爾特能夠如此坦誠，因為我就喜歡有話直說的人。我本身也是這種個性，雖然因此惹上不少麻煩，但至少三更半夜不會感到良心不安。所以，我絕對無法走政治這條路。不時就會有人說我應該出來競選總統，他們認為我的麥當勞經營策略重視誠信，又有商業遠見，理應可以用同樣方法治理國家。但我知道不可能，並不是說政治人物都滿口謊言，而是有時候為了權宜之計，必須放下個人信念與人妥協，這點我實在辦不到。

阿爾特的死之所以讓我心煩，還有另一個原因。我不禁想起過去兩人常一起吃晚餐，我總是像情竇初開的少男一般，向他傾訴我對裘妮的思念。我很喜歡珍妮，她是很棒的妻子，但我真正愛的人還是裘妮，此生不渝。

幸好，我沒有太多時間可以悼念阿爾特或感嘆人事已非。麥當勞的營業額屢屢創新高，亦將歡慶開幕十周年，一切卻感覺彷彿剛起步。

就一項重要里程碑而言，麥當勞企業確實剛剛起步：我們準備要公開募股了。正式發行前十天，籌備進入如火如荼的階段，堪稱是麥當勞最難熬的時期。哈利與狄克已決定請「普惠證券經紀商」當承銷商，相關細節也已討價還價了好幾個月。首先，承銷商堅持要我們找前八大的會計師事務所來記帳，但我們已和阿爾．道提在芝加哥的事務所合作十年了，我和哈利都想繼續請他幫忙，無奈承銷商沒有給商量的餘地。最後，哈利讓了步，決定選擇亞瑟．揚會計師事務所（Arthur Young & Company）。道提則繼續擔任我、瓊恩和哈利的私人會計師。我們公開募股的法律顧問是「查普曼律師事務所」（Chapman & Cutler）的德伊．瓦特（Dey Watts）和皮特．克拉達（Pete Coladarci）兩位律師，他們與哈利密切合作；正因為這層關係，我之後與他們往來時，總覺得不大自在。

會計師認為，我們最大的問題在於「發展期記帳法」無法通過會計師的簽證，因此我們的帳目必須全部重做，以真實呈現公司盈餘。當時離公開發行不到兩星期，我們得重新檢視前十年的所有交易，再提出最新的財務報表。傑瑞．紐曼和他底下的員工幾乎日以繼夜地趕工，瘋狂忙碌了整整十天，終於在正式發行前四小時完成報表，隨後立即交由專人搭麥當勞專機送至華盛頓，於最後一刻成功達陣。

我們和承銷商一直談不攏麥當勞的首次發行價。我們當時已把股票依一千比一的比例分割，承銷商認為我們應該以每股盈餘的十七倍作為發行價。我並不贊同，心裡很明白麥當勞的價值不止如此，若發行價訂得過低，蒙受最大虧損的會是我自己。哈利也這麼認為，因此努力向承銷商爭取盈餘二十倍的價格，還數次往返紐約和芝加哥，只為了說服他們接受這項提案，但雙方仍然陷入僵局。發行日迫在眉睫之際，我走進哈利的辦公室，向在場所有人宣布，麥當勞不會接受低於二十倍的發行價。當時氣氛相當沉重，但我句句屬實，即便讓數週的心血付諸東流也在所不惜，我堅決不以低價發行麥當勞，門都沒有！

於是，麥當勞最後以每股二二．五美元上市，首日收盤前就衝上三十美元，而且發行的股票結果超額認購，完全就是大獲成功。發行首月，股價就攀升至五十美元，我、哈利和瓊恩的身價翻倍，實在是做夢也想不到。

哈利和我都相當樂見這個結果，但他不大滿意麥當勞只是上櫃股票，更希望能進一步和交易所的績優股並駕齊驅。但想在紐約證券交易所上市，必須符合嚴苛的條件。首先，在一定的地理區域內必須擁有多少股東；還有，持股一百股以上的股東必須超過多少人，等等等等。我對此事其實並不太在乎，也就順著哈利的意思，亦即麥當勞終究得在紐約證交所上市。但我後來才想到，哈利的對手有些是財大氣粗的暴發戶，或許會不屑於跟賣十五美分漢堡的麥當勞打交道。果真如此的話，那就拉倒！無論如何，我們最後還是進了紐約證交所。為了慶祝這項成就，哈利跟他太太艾洛伊、瓊恩以及公關艾爾．高林一起在場內大啖漢堡。隔天報紙更是大篇幅報導，除了因為吃漢堡的高調舉動，更因為艾洛伊和瓊恩是紐約證交所場內難得一見的女性。

當時是一九六六年七月，我們營業額再度破紀錄，直衝兩億美元大關。全美麥當勞分店前金色拱門上的看版均顯示「漢堡銷量衝破二十億個」。高林和合夥人庫伯火速發布新聞稿，向大眾宣布這項消息，以具體比喻說明其重大意義，他們興奮說道：「如果把二十億個漢堡排成一列，將足以環繞地球五．四圈！」這實在太好玩了。就連哈利自己也積極幫麥當勞打響名號，他還進行了一項宣傳噱頭，令我大感佩服。他打算讓麥當勞參與梅西百貨（Macy's）在紐約的感恩節遊行，並且力推「麥當勞全美高中樂隊」，每州各派兩名最佳樂手參加。哈利還商借全球最大的樂鼓，請專人用板車從德州一所大學一路運送至紐約。樂鼓送到之前，哈利和高林委託廠商趕製全新的鼓皮，上面印有「麥當勞全美樂隊」的字樣。此舉成功製造了話題。而同樣大受歡迎的是粉墨登場的小丑：麥當勞叔叔（Ronald McDonald），他在遊行隊伍中首次露面，透過全美電視強力播送，宣傳效果十足。遊行過後，哈利再出妙招，亦即讓麥當勞贊助超級盃美式足球賽的電視轉播。

這一切發展讓人熱血沸騰。不過這些宣傳噱頭背後，可是存在著真材實料。一九六六年四月，我們首次進行股票分割，我在隔月的年度股東大會上表示，我們已經創造了一項全新的美國體制，並強調正是因為我們恪遵商業道德，才能成長得如此茁壯。

隨著麥當勞的生意愈發興旺，竟產生了意料之外的影響：紅白磁磚的餐館逐漸不敷使用。此外，顧客似乎愈來愈不想待在車內用餐。我們遂決定嘗試蓋更大的餐館，同時增設室內座位。吉姆．辛德勒針對此提案做了個簡報，他指出：「我們現有設備明顯不足，勢必無法因應未來的需求。」

一九六六年七月，麥當勞首家有室內座位的分店於阿拉巴馬州杭斯市（Huntsville）開幕，不過和現今的室內座位相比當然簡陋多了。當初店內只有狹長的用餐台與長凳，加上兩三張小桌子，但已經是邁進了一大步。

鮑伯．惠尼離職後，我改請路奇．薩凡內基掌管不動產業務，這項人事決定引起芝加哥總部不少人質疑，但那是因為他們不了解路奇。我在一九六一年搬到加州所蓋的第一間直營餐館（曼哈頓海灘分店），就是請路奇來負責經營，而他也立刻上手。路奇也一直建議我改善餐館的建築外觀。

他常說：「克洛克先生，就社區營造來說，加州足以引領全美的潮流，我們到處去提案蓋這種屋頂斜斜的餐館，你不覺得有礙觀瞻嗎？」

只要他一開始滔滔不絕講述建築美學或米開朗基羅等等，我通常就會老大不爽地把他轟出辦公室。但我心裡明白他說的沒錯，而且也該是時候把餐館外觀改頭換面了。但我仍在靜候時機成熟，因為我曉得這將在我和哈利之間掀起滔天巨浪。我可以嗅到風雨欲來的氣息，所以希望多方準備，好上場應戰。

第13章

高處不勝寒

若有意成為大企業的領袖，就得背負著命運的十字架：愈往上爬，朋友愈少，高處不勝寒。

我之前對此從未有強烈的感受，直到我和哈利最終撕破臉，他隨即辭職。當時對立的情況背後有諸多因素，每當回想起來，就好像打開一個中國套盒，盒子內藏著盒子，移除最裡面的盒子後，就只剩下空盒子，一股失落感油然而生。

哈利當時的健康狀況不佳，長年有背痛的毛病，也患有嚴重糖尿病。有一回，他在加拿大西部的偏遠小鎮，因為背痛的緣故，整整一星期都下不了床，無法搭飛機，只能坐火車。但該小鎮既無計程車也無租車公司，所以他用現金買了輛凱迪拉克，請他太太開車送他到火車站；這件事至今可能還是該鎮茶餘飯後的話題。由於哈利的身體每下愈況，到了一九六六年底，哈利在辦公室的時間愈來愈少，動輒往阿拉巴馬州跑，在他太太家待上數個星期。

這是第一個「盒子」。

另一個「盒子」則是，克洛克派和索恩本派的權力分配問題。而我與哈利對於執行副總的人選意見分歧，使得衝突更為加劇。我要讓佛瑞德．特納擔任副總，哈利卻執意要皮特．克羅也擔任副總。雙方僵持不下，我只好與他妥協。最後共任命了三位副總，狄克．伯倫負責預算和會計，皮特．克羅掌管展店業務，包括房地產、建設與加盟授權事宜，佛瑞德．特納監督銷售業務，包括營運、廣告行銷以及設備。後來，佛瑞德接下了皮特的授權業務。員工們都把此分配戲稱為「三強鼎立」，而我覺得應該沒有人滿意這樣的安排。他們三位主管理應具有同等權力，然而，問題就出在哈利掌控了公司銀根，所以除了伯倫之外，其他兩人等於是有責無權。

其他原因則有如「盒中盒」，主要都是由於我們對於麥當勞的走向，看法簡直南轅北轍；小自員工補助金，大至拆除金色拱門一事，我倆都意見不合。我已同意將拱門拆除，但哈利一看到這項計畫就說：「他媽的把那拱門給我裝回去！」

然而，我最受不了哈利之處是他對於地段開發漸趨保守。他聽信銀行家朋友所言，認為美國會在一九六七年進入大蕭條時期，麥當勞應該盡量節流，暫時不要拓展新的營業據點。

最後，哈利暫緩了所有新店的開發計畫，工程全部停擺。我當然反對這項決定，但是，當路奇來辦公室找我吐苦水時，我卻無法給他任何建議。

他問道：「克洛克先生，我該怎麼辦呢？我手上有三十三家分店蓋到一半，地段都很好，現在放棄實在是得不償失，我該怎麼做才好？」

「先給他們曖昧的答案，路奇，拖一下時間。我現在就去芝加哥，看看有沒有轉圜的餘地。」我這麼回答。

隔天一早，我就在拉塞爾瓦克大樓的總部等著哈利。他一到辦公室，我們二話不說立刻大吵起來。我的態度萬分強硬，逼得他最後說不幹了。場面難看無比，我回加州的路上都還生著悶氣。

我覺得這事需要法律顧問協助，但又不想找查普曼律師事務所。他們確實是一流的事務所，我也相信他們一定會秉持誠實透明的原則。不過，我當時認為他們已受哈利影響太深，便拿定主意以後要請其他事務所幫忙。於是，我致電給盛龍翔律師事務所（Sonnenschein Carlin Nath & Rosenthal）的負責人唐恩．魯賓（Don Lubin），請他到麥當勞跟我談談。魯賓先前曾幫我處理過私人法律文件，而且在麥當勞發展初期，他的事務所亦接受過我們的諮詢。

魯賓建議我和哈利握手言和。他很清楚哈利與金融界的關係密切，因此認為若他突然辭職，勢必會傷害麥當勞的聲譽。我只好請他去挽留哈利，儘管我覺得再努力也是枉然；我還告訴魯賓，希望未來他的事務所能擔任麥當勞的法律顧問，同時邀請他加入董事會。

哈利雖答應留任，但我倆的關係已經破裂。他依舊三天兩頭往阿拉巴馬州跑，遠多於待在芝加哥辦公室的時間，我總覺得他已無心經營麥當勞，只是在做表面工夫。但他的健康狀況確實每下愈況，我們最後還是讓他辭職了。依據合約內容，哈利每年可獲得十萬美元的分紅。此外，他還擁有相當可觀的股份，但他離職前堅信麥當勞即將走下坡，因此把股份全都賣了，聽說他將所得全部投資於銀行業。但是實在可惜了那些股票，因為他雖然獲得幾百萬美元，但之後麥當勞股票又分割多次，每股價格是當初的十倍。他當時若能按兵不動，如今股票現值便會超過一億美元，這是他對麥當勞缺乏信心的代價。

而現在我可以依自己的想法工作了。我接任總裁的位子，身兼董事會主席，並解除了停止展店的命令。在檢視我們的不動產項目時，我發現許多地段明明早已購入，卻被擱置一旁，等著日後再行開發。一聽說這是為了等當地景氣復甦，我簡直要氣炸了。

「哇操，**景氣不好正是蓋的時候啊！**」我大吼道，「等景氣好轉，什麼東西都會變貴啊！如果地段夠好，我們當然要立刻蓋餐館，搶先同業一步，然後帶動那個城鎮的繁榮，居民就會記得你。」

我也得重振辦公室的士氣。哈利辭職後，派系分裂的局面隨之消失。我甚至聽說某主管表示：「太棒了，我們回歸單純的漢堡業了！」但由於先前氣氛劍拔弩張，因此我們仍流失了不少人才，必須就此設下停損點。

我最擔心的人是佛瑞德·特納。他對自己在「三強鼎立」中扮演的角色極為反感，也一直向我暗示他的不滿。我曉得那段期間，他接到許多加盟同業的挖角電話，有幾個甚至願意給他一級主管職。因此，我在正式宣布哈利辭職前，帶佛瑞德去懷特霍爾市吃晚餐。

我對他說：「佛瑞德，我知道你最近很悶，工作上遇到不少挫折。但我告訴你一個祕密，哈利辭職了。我要接總裁的位子，好好把公司整頓一下，大概會花上一年的時間。等塵埃落定，我打算讓你接任麥當勞總裁。」

佛瑞德臉上露出笑容，綻放的光芒相當刺眼。

但隨後他臉一沉，雙眼怒瞪著我，一拳重擊桌面，震動了銀製餐具，也驚動了一旁的用餐客人，劈頭吼道：「他媽的，你既然知道辦公室被搞得烏煙瘴氣，怎麼不想想辦法咧？」

這一回，我難得沒有選擇硬碰硬，反而覺得自己像失職的父親，而我又無法向佛瑞德說明我與哈利之間的緊張關係。因此，我先要他冷靜下來，並表示有一天他會明白我的用意。（但我現在也不確定了，因為佛瑞德並沒耐性處理辦公室政治，哈利的管理方法對他而言想必十分陌生。）總之，佛瑞德的脾氣來得快去得也快，表示樂見事情獲得解決，對於是否能當總裁也看得很淡。我大大鬆了一口氣，從我倆當晚後來的聊天內容判斷，我若晚一步，佛瑞德就會跳槽了。

哈利辭職後，幾位主管也跟著離開了麥當勞，其中包括團隊核心人物皮特．克羅，他回到家鄉阿拉巴馬州，加入了連鎖餐館「Catfish Hattie」。然而我們最擔心的事，也就是金融界會因哈利離職而對麥當勞失去信心，最後並沒有發生。狄克．伯倫立即接手哈利的業務，繼續跟銀行金融界人士打交道。狄克其實已和他們合作多年，哈利先前都是負責替交易開個頭，細節都交給狄克處理。辦公室八卦都把狄克歸類為索恩本派，認為只要哈利離開麥當勞，或者他自己沒升任總裁，就會辭職不幹。但我曉得狄克沒這麼死心眼，他一定知道我不可能讓缺乏營運經驗的人當總裁。於是，我便指派狄克擔任財務長，而他也表現得相當稱職。

狄克知道，高級金融的術語在我眼中都是鬼扯淡。他對此一直耿耿於懷，希望能稍微開導我；此外，他也希望能讓那些金融分析師見識到我行銷麥當勞的功力。哈利的太太艾洛伊以前常說，她認識的人之中，只有我能憑著三寸不爛之舌，把漢堡介紹得像菲力牛排那般美味。艾洛伊的品味無可挑剔，因此這話對我而言是莫大的讚美。總之，狄克開始拉我一起出席分析師的會議，我頗為樂在其中，也稍微能接受他們的部分觀點，不過仍覺得許多金融手法真的是鬼扯淡。我還發現，這群分析師挺喜歡直接討論麥當勞的營運要點。

哈利離開公司後，我所面臨的最大難題，就是從約翰・吉伯森（John Gibson）和奧斯卡・哥斯坦（Oscar Goldstein）這兩位精明無比的生意人手中，取回早期傻傻授權出去的一塊經營版圖。他們合夥成立的「吉吉經銷公司」（Gee-Gee Distributing Company）獨家經營權涵蓋了整個華盛頓特區，以及馬里蘭州和維吉尼亞州內的數個郡，範圍之大遠遠超過路易斯・葛羅恩的辛辛那提市。我們在那裡根本蓋不成半間麥當勞，我的老天爺，這實在損失太大了！

哈利曾和他倆討價還價了幾回，試圖取回那塊版圖，但他最後嫌出價太高。我對此就難以苟同，因為我深知麥當勞在那裡極具開發潛力，絕對可以超越吉吉公司當時有的四十三間店，況且那裡的地價從來就只升不降！

哈利離開公司五個月後，我終於逮到機會將兩人一網打盡：全美加盟主大會，在佛羅里達州臨近邁阿密海灘市的多拉飯店舉行。但他們實在是不好說服；哥斯坦自己在華府經營一間熟食店，吉伯森則曾經擔任杜魯門政府的勞工部助理部長。因此，他們對於各種業界伎倆早已瞭若指掌，也清楚自己在這次談判中握有優勢。但我最後總算敲定交易條件，相較於哈利當初能接受的價格，整整高出好幾百萬美元。

哥斯坦和吉伯森最後共獲得一千六百五十萬美元的現金。雖然金額令人咋舌，但我並不後悔。諸如此類的交易，我都不會在意對方賺了多少錢，只關心交易以後對麥當勞是否有益。通常雙方最後都能各取所需，對結果表示滿意。

而麥當勞最後換來的收穫，價值遠超過一千六百五十萬美元：我們在該地的分店從四十三間增加到九十間，同時也網羅許多優秀的主管人才。

我之所以在哈利離開後接掌公司大位，還有個私人原因。我們當時建議各加盟主調漲漢堡價格，於一九六七年一月試行，但不確定漲價會帶來的衝擊如何。我現在依然記得報紙頭條宣告：「一個時代的終結：麥當勞的十五美分漢堡漲至十八美分。」呼！此舉也引發公司內部不小騷動。畢竟，這是首次調漲漢堡價格，先前只建議將起司堡從十九美分調漲至二十美分，以及薯條、奶昔和麥香魚堡微幅漲價。當時麥當勞已在速食業縱橫十二年，十五美分的漢堡已成為員工珍視的基石。不過，管他的！那時越戰正進行得如火如荼，詹森總統竟然奉行「要槍炮也要奶油」的經濟理念，愚蠢至極，儘管我們的採購模式日趨精細化，仍難以跟上通貨膨脹的速度。部分員工認為，我們應該建議調漲至二十美分，而不是十八美分，但都被我大聲喝斥。他們主張顧客不會在意兩美分這點零錢，而且找零對於一線員工也是較大的負擔。然而，你如果跟我一樣，完全從顧客角度去想（畢竟出錢的是大爺），就會發現每分錢都很重要。而且我的老天吶，十八美分等於調漲了百分之二十耶！總之，最後是我的版本勝出，漢堡隨之調漲至十八美分。之後，我們焦急萬分，等待銷售數字及來店人數的統計，好拿來跟傑瑞．紐曼的預測兩相比較。傑瑞畫了一條經濟曲線，顯示價格每漲一美分，顧客對產品的需求便下滑。根據經驗法則，起初銷量會一時遽升，因為老主顧還是會願意付錢；但隨著顧客跑去光顧競爭對手的店，我們的數字就會陡降。之後等對手同樣漲了價，顧客重回麥當勞懷抱，銷量才會穩定回升。結果，實際情況和預料的一模一樣：銷量先在一月上揚二二％，接著二月則是歷年來業績最差的一次，來店人數竟掉了九％。這些人還會回來嗎？我們對此很有信心，但我那時還不想把棒子交給佛瑞德，讓他苦苦追趕業績。我們花了將近一年的時間，來店人數才恢復原來的水準。但麥當勞一九六七年整年的獲利相當豐碩，因為我們有兩成的產品都漲價了二〇%，加上直營店的營收，大大提升了整體利潤。當然，這對加盟主而言更是有益無害。

一九六七年還有另一件事緊鑼密鼓地進行中，我們也相當關注，那就是麥當勞的全美廣告暨行銷計畫，由保羅．舒拉吉（Paul Schrage）所擬定。他先前在芝加哥的「達美高廣告公司」（D'Arcy Advertising）工作，負責處理麥當勞的業務，協助籌組「全美加盟業者廣告基金」（OPNAD），讓麥當勞廣告在全美的電視頻道放送，佛瑞德遂聘請保羅來擔任廣告宣傳部門的主管。OPNAD的經費來源，是由參與計畫的各加盟主及直營店，自願繳交百分之一的總營收。加盟主都很重視全國廣告的機會，畢竟只要僅僅百分之一的營收，就有商業廣告宣傳自家餐館，又有「真善美」（The Sound of Music）在各大電視網的贊助，何樂而不為？腦袋清楚的人都不會放棄這個機會。此外，加盟主同樣繳出百分之一的總營收給當地的廣告合作機構，該合作機構便會委託當地廣告代理商，依照麥當勞既定的指導方針，進行量身打造的宣傳活動。

我很欣賞保羅的宣傳手法，因為他不但是廣告界的「龜毛人」，也跟我一樣重視麥當勞的形象。舉例來說，麥當勞叔叔的外表和性格便是經過費心研究的成果，就連他假髮的顏色和髮質都是特別挑選。麥當勞叔叔不只小朋友喜愛，我也十分喜愛，更擄獲《君子雜誌》（*Esquire*）那群時尚編輯的心，麥當勞叔叔因而受邀至六〇年代新聞人雲集的「世代派對」。派對上，麥當勞負責供應外燴，代表「形塑當代美國人外食習慣的企業」。

一九六八年初，我已準備好交棒給佛瑞德，而他上任總裁後，麥當勞的發展速度並未就此減緩。他以總裁（後來轉任執行長）的身分，大力推行我任內發起的各項計畫，也自行增添一些生動的元素。就某方面來說，這其實是內舉不避親，畢竟若我有個兒子，年紀應該就和佛瑞德差不多，而他與生俱來的資質以及有志從商的態度，同樣深得我心。因此我常說我的兒子就叫佛瑞德．特納，他從未讓我失望過。過去五年來，麥當勞之所以能飛速成長，都要歸功於佛瑞德所規劃的願景、他麾下的主管團隊以及現任總裁艾德．施密特（Ed Schmitt）。

首先，佛瑞德努力替麥當勞取回加拿大市場。哈利辭職前，將加拿大西部的麥當勞餐館經營權賣給了喬治．提伯（George Tidball），而位於東部的安大略省則給了曾在芝加哥當律師的喬治．科亨（George Cohon）。我們之所以認識科亨，是因為他的客戶想取得麥當勞餐館經營權，於是科亨親自到芝加哥代為洽詢。我十分欣賞他，便說：「小伙子，給你個建議，別在法律界打滾了，轉換跑道加入麥當勞吧！我覺得你很有本事。」結果，他的客戶最後沒進麥當勞，反倒他自己加入了。佛瑞德對於科亨的評價很高，但仍然認為科亨專營的版圖過大。在佛瑞德眼中，加拿大市場與美國市場十分類似，但少了許多競爭對手。因此，他打算把那裡的經營權給買回來。

此舉毋寧相當大膽。股東可能會質疑，兩年前已授權出去的地區，現在竟然要砸大錢贖回，似乎沒有道理。但佛瑞德堅信加拿大市場潛力無窮，儘管可能招致旁人批評的聲浪，仍然全力進行此事。這才像話嘛！

如今，麥當勞加拿大地區的市場成長及獲利都名列前茅。喬治·科亨擔任地區總裁，而他的加盟主個個具備開疆闢土的精神，各間麥當勞餐館的平均營業額已達百萬美元，遠遠超越美國本地的業績。

我在芝加哥總部還得處理一件事，就是請瓊恩退休。這實在難以啟齒，畢竟瓊恩是非常優秀的員工，多年來也對麥當勞企業貢獻良多。但是她過去用來管理的那一套，已不適用當前的環境。瓊恩和哈利擁有的股權相當，不過她退休後並未拋售，因此如今的身價非凡。

我現在不時還會與瓊恩碰面，她目前是麥當勞的榮譽理事，常在棕櫚灘一帶替麥當勞從事慈善活動。我們倆有個共通點：對麥當勞的熱愛永遠不變。

回到加州後，我期待可以過著曬曬太陽的悠閒日子，不用日復一日案牘勞形、拼命為公司打拼。我希望能少想一點工作的事——至少要從二十四小時減為十八小時，也希望好好編織麥當勞的未來藍圖。但真正開始過著這樣的生活後，我竟感覺渾身不對勁，時常焦躁不安，甚至更愛發脾氣；或許，我內心早有預感，知道我的人生即將迎接重大的轉變。

美西的加盟業者當時準備在聖地牙哥開會，並邀請我在會上發表演講。我心想，看樣子悠閒曬太陽的日子可以暫緩一下。這段時期，麥當勞正好有許多新氣象，包括新總裁走馬上任、大麥克漢堡和蘋果派加入產品行列、餐館外觀有了嶄新風貌、新一代的制服亮相，而漢堡大學也在鹿山丘鎮蓋了一座美麗的新校園。

我當然得把握這次的演講機會！我愈想愈興奮；對我而言，能夠跟一群加盟主搏感情、聊聊天，實在不亦樂乎。不過，報名表上有對夫妻的名字立即吸引我的目光，他們是南達科塔州溫尼伯市和拉匹市的加盟主：羅蘭和裘妮這對夫婦。

第14章

暢銷商品的發想法

我和裘妮在美西加盟主大會上聚首，距離上回見面已有五年光景。老實說，我完全沒料到自己竟然和以前一樣，內心湧上強烈的情感，久久無法自已，但一切真的就這麼發生了。

我下榻的飯店套房中，附設了平台鋼琴、壁爐和酒吧。跟我從洛杉磯過來的還有卡爾・艾立森（Carl Eriksen），擔任我的勞斯萊斯新車的司機，並充當我房裡派對的酒保。只不過，他應該沒料到還要負責多伺候裘妮。大會頭一晚，我參加了一場小晚宴，羅蘭、裘妮和她母親都在場。為了確保裘妮能坐我旁邊，我故意說道：「羅蘭，你給我坐到另一頭去。」此話逗得眾人笑呵呵，還以為我在說笑，沒發覺我話中有話。晚宴後，我接著發表演說，提到我已擁有夢想的一切，人生已別無所求，只剩一個缺憾；大家都沒料到，我指的是坐在我旁邊的裘妮。他們可能以為我的缺憾是麥當勞營收仍不夠穩定，或是沒能將肯德基爺爺納入版圖之類的事。

但裘妮知道。

我肯定她懂我的意思。

她的眉頭連皺都不皺。老天！我覺得自己像極了頭一次約會的少年。我演說結束後，在場的人都準備起身離開。這怎麼成，我絕不允許就這麼散會！「各位來賓請留步，」我宣布，「不妨一起上樓到我的套房，聽點鋼琴音樂、小酌兩杯吧！」

所有人都來了，當然包括了裘妮和羅蘭。儘管眾人盡情歡唱、笑聲不斷，羅蘭並無意久留，裘妮便說她想再待一會兒。兩個小時過後，房內只剩我們兩人和卡爾。他隨意地清理收拾，看起來有些不自在。我雖然暗自希望他離開，但又擔心他若不在場，之後難免落人話柄，於是便叫他待著。我和裘妮促膝長談，我完全忘了時間；儘管我曉得她先生一定會暴跳如雷，但我管不了那麼多，因為裘妮告訴我，無論家人怎麼想，她都已作好離婚的打算。裘妮終於可以不在乎旁人的流言，準備與我共結連理，實在太棒了！

但裘妮仍不可能留下來過夜。她大約凌晨四點離開，卡爾則在沙發躺平、鼾聲大作，我的腦袋卻仍像陀螺般高速旋轉，完全停不下來。我突然想到，自己一早就得發表演講，便走進浴室照照鏡子，模樣簡直嚇死人！我用了些洗眼液、吃了兩三粒發泡胃錠、再倒了些洗眼液、吞了幾粒阿斯匹靈，卻完全不記得到時演講該說些什麼。

數小時後，第二天的會議展開，我站在講台上望著密密麻麻的加盟主，腦袋卻仍一片空白，只曉得我和裘妮約定好，要盡快和她在拉斯維加斯碰面，並在那裡各自辦妥離婚手續。我已不記得那天早上的演講內容了，但事後許多人一再向我表示，那是我畢生最激勵人心的一場演講。

我和珍妮當時計畫搭乘遊輪環遊世界。裘妮要我仍依照原本的旅行計畫，在三個月的航程期間，慢慢向珍妮表達離婚的意願。我原以為我辦得到，但儘管我喜歡珍妮的陪伴，一想到要離開裘妮身邊那麼久，就愈發難以忍受。起初，我決定要在香港下船；後來想提早在墨西哥的港口城阿卡普爾科（Acapulco）；沒多久又覺得乾脆在巴拿馬運河上攤牌，最後索性豁出去，把整趟行程給取消了。

我希望減少對珍妮的傷害，但我一定得跟她離婚，而且刻不容緩！但我也會確保她往後的生活衣食無虞。現在，珍妮仍然住在比佛利山莊，我也時常和她的一些親戚碰面，他們多年來都是麥當勞的加盟主。

一九六五年時，我就在南加州買下了一座農場，想打造成麥當勞研討會中心，亦做為當年成立的慈善基金會總部。該農場的地段絕佳，我還蓋了間別墅，周圍群山環抱，景色令人嘆為觀止。一九六九年三月八日，我和裘妮在別墅內巨大的石製壁爐前完婚。

此刻，我終於感到人生圓滿，於是就告訴自己，我可以稍微放輕鬆，好好享受生活，不需要拚死拚活地賣命了。

但從商並不是做畫；畫家只要添上最後一筆，就可以把畫掛在牆上欣賞成果。麥當勞總部每個牆上都貼了一個標語：「成功轉瞬即逝，別讓失敗來敲門。」[1]我絕不會讓失敗找上門來。佛瑞德把公司經營得有聲有色，完全不負我的期待，但仍有許多地方需要我的意見。

許多企業領袖，在董事會當中一定會擔任董事會主席。我可不是如此。我不會在行政會報時拍桌罵人（這是佛瑞德及其經營團隊的職責），只有他們徵詢我意見時我才會出聲，其餘時間就是坐著聽報告或打電動Big Daddy；然而，每當開發新產品或併購土地時，我就成了主導者，畢竟這些可是我擅長且熱中的領域，工作的樂趣反而大為提升。我也持續展望麥當勞的未來，並依照整體發展走向，思考菜單可以增加的新口味，以及之後可以購置的新地段。我覺得麥當勞的未來充滿無窮可能，商機比創立十週年時還來得大；

1 Nothing recedes like success. Don't let it happen to us or you."

如今我們有足夠的人力和財力，能掌握一切浮現的商機。佛瑞德麾下的頂尖管理團隊是由艾德．施密特所帶領。佛瑞德向來以運籌帷幄見長，這群主管受到他的影響，都熟知開源節流之道，也重視顧客服務。一九七七年一月，艾德升任總裁暨執行長，佛瑞德則成為董事會主席，我則晉任為資深主席。麥當勞的未來商機如何仍是未定之天，但可以肯定的是，隨著美國經濟不斷成長，帶動全新的社經需求，機會勢必源源不絕。翻開美國歷史，就可看到一連串改變的軌跡，思考成長的同時一定要考量時代的處境，美國當時就面臨了巨大的社會變遷。

麥當勞演變至今，已非草創初期的面貌，這毋寧是件好事。我們因應一九六〇年代末期的社會變遷，增加僱用弱勢族群，並推出一項計畫，將符合資格的黑人女性納入加盟體系，因而率先促進黑人資本家的崛起。我們也在各餐館實施節能措施，就同樣的餐點份量而言，耗電量低於一般家庭用戶。我們現在也走向國際化了。漢堡大學擁有廣大的校園，所有教室均安裝了最新教學設備。我們位於芝加哥西郊橡溪鎮（Oak Brook）的總部有一棟八層樓建築，部分工作以前需要員工每週利用閒暇時間完成，如今則擴編為部門，由數百人協力分工。

遺憾的是，少數加盟主痛恨改變，見樹不見林。他們認為分店的既有營運模式運作良好，總公司何必進行改革？他們只知道緬懷「過去的美好」，凡是遇到問題，希望拿起電話就可以找到我或佛瑞德幫忙解決。隨著我們把權力下放，這些早期加盟主發現上頭有一層層的地區經理，其中不乏晚近加入麥當勞的新主管，他們既不像佛瑞德參與過開幕儀式，也沒有像我一樣幫忙打掃過停車場。但不願配合總公司政策還有另一個因素：有些加盟業者二十年的加盟合約即將到期，其中的「爛蘋果」已有自知之明，心想續約的機會渺茫，為了相互取暖，便在一九七三年籌組「麥當勞加盟主協會」（MOA），並且發布新聞通訊，裡面充斥中傷麥當勞的謠言。這些通訊的內容多半如出一轍，很快就了無新意，例如：「麥當勞已經不復當年，若不加以反抗，就只能等著合約到期而被淘汰，眼睜睜看著店面被總公司給接收。」簡直就是胡說八道，因為我們向來把直營店控制在總店數的三成以內。此外，我們很需要優良的加盟主，若加盟主在品質、服務和清潔等方面都達到標準，還在自己家鄉經營麥當勞，已建立良好的社區關係及凝聚員工向心力，我們還予以淘汰，豈不愚昧至極？但MOA散布的謠言仍然引起一陣不安，就連表現良好的加盟主，都需要我們一再安撫，保證不會收購他們的分店。MOA的發起人是唐恩．康力（Don

Conley），他曾是麥當勞創始初期的員工。他不知感恩也就罷了，還惡意中傷麥當勞。當初我賣出普林斯堡代銷公司時，他也在出資的主管群之列；但他從未真正付過一分一毫，他應付的所有款項和百分之七的利息，都是來自普林斯堡獲利的分紅。普林斯堡不到兩年便出售給馬丁伯勞爾企業，康力從中獲得六位數的利潤，之後購入麥當勞兩萬股，他至今仍洋洋得意，不時拿來說嘴，因為這讓他成了百萬富翁。諷刺的是，他之所以能坐擁這些財富，嚴格來說根本是我送的大禮。

康力或許是因為後來被開除了，所以一直懷恨在心。瓊恩還因此覺得歉疚，於是居中協調，讓他能夠買下兩間業績很好的麥當勞分店，當作是遣散費，畢竟那段日子我們並沒有實質收入。反正我們佛心待他，他卻忘恩負義。

雖然ＭＯＡ的成員名單保密到家，但我們仍有管道可以拿到手，讓他們吃不完兜著走。但我們懶得玩爾虞我詐的遊戲，也不屑降低自身格調與之纏鬥。我們只要等ＭＯＡ逐漸失勢即可，優秀的加盟主自然會受不了ＭＯＡ的負面文宣，進而發現，雖然麥當勞的規模愈來愈大，難免會與分店產生距離，但是基本的理念和價值卻是始終如一。

腦海畫面：一九五四年，我坐在法蘭克．卡特的辦公室內，討論他起草的授權合約內容，據此與他的客戶（即麥當勞兄弟）安排加盟事宜。他堅持使用一大堆條款及艱澀的術語，以界定權利義務關係，我才能夠「控管」取得授權的業者。我愈聽愈受不了他如此拘泥於細節，便望向窗外發呆，直到他朗讀完合約為止。

「法蘭克，我跟你說，你可以用各種但書和條件來綁住這些人，但這對拓展生意一點屁用都沒有。如果想要他們表示忠誠，最有效的誘因只有一個，那就是我得提出公平公正的合約，並且幫他們賺大錢。如果他們賺不了錢，那就是換我倒大楣了，絕對會輸到脫褲子。但我會親自從旁協助，盡我所能幫這些人賺錢，只要做到這一點，就沒問題了。」

當然，我那時還無法想像，一個取得授權的業者最後能擁有二十五間到三十間分店之多；我也沒料到，竟然有業者會抱怨我們開的餐館太近，稀釋了他們的營業額；我更不會猜到，有些業者死後選擇把店交給遺孀經營（我們現有業者中有不少是寡婦，都經營得不錯）；我也沒考量到如何處理加盟合約到期一事。但我向卡特表達的理念不曾改變——麥當勞是由眾多生意人所組成，我們只要拿出公平的合約，並且幫這些人賺到錢，我們就會收穫滿滿。我認為ＭＯＡ早已失去以往的勢力，不久後就會消聲匿跡。一九七六年，佛瑞德在佛羅里達州和夏威夷的加盟主大會上義正辭嚴，要求這些造謠的業者公開把不滿說清楚，否則就別阻擋麥當勞的發展之路，無論他們的決定如何，我們都會大步向前邁進。此後，我們便不再聽聞ＭＯＡ的消息，顯然已經無足輕重。

諸如此類的雜事有待處理，加上職業安全與健康管理局（ＯＳＨＡ）等政府機構頒布新規定，我們的文書作業量更是大為增加，使得許多我認為至關重要的計畫因而受到拖累。其中一項計畫就是全新的餐館外觀：磚造建築主體、複折式屋頂，以及一扇扇時髦的窗戶及室內座位。值得一提的是，全美的麥當勞陸續改頭換面之後，還引發建築界熱烈的討論。耶魯大學建築系教授詹姆斯・萊特（James Volney Righter）就表示，他認為麥當勞的建築風格「潛力無窮，結合了美國流行建物外觀的活力、功能的實用性以及建築的高品質。隨著消費者的品味愈趨挑剔，將會為業界帶來壓力，可能會改造美國商業區的視覺和心理能量，形塑成一種文化資產。」他也談到「最有意思的建築難題，在於如何建立討喜的形象，讓顧客一眼就可以認出來」。我在一九六八年通過新設計案，計畫取代所有紅白磁磚外觀的餐館。這個設計將大幅改變麥當勞的外貌和形象，也需要大筆投資，因此我和佛瑞德得想盡辦法，爭取董事會的同意。

我們的營建部門負責人是布蘭特．卡麥隆（Brent Cameron），他的行事非常保守。他曾經提倡「迷你麥」（MiniMac）店面，亦即縮小版的麥當勞餐館，適合人潮不足以支撐一般店面的小型社區。這個想法的靈感，是來自路奇．薩凡內基所提出的「單調指數」理論；他主張，若某鎮的單調指數愈高，麥當勞就愈有可能在那兒開分店，他說：「大城市裡有各式各樣的商店和餐館，麥當勞只不過是其中之一。但如果我們選擇的地方，星期日下午無事可做，居民不知道怎麼消磨時間，來店率就會大幅提升。而且，單調指數飆高的地點有數千個，沒有高速公路或購物中心，似乎被業界所遺忘；但是我們十分重視，即便是鳥不生蛋之地，仍然找得到美國的奮鬥精神。」

因此，布蘭特力倡迷你麥的概念，更出版手冊推波助瀾，後來就連佛瑞德也買帳了。

我簡直氣炸了，差點把新大樓的八樓辦公室當成棒球打擊場，好好教訓這三個傢伙。當時我的髖部患有類風濕性關節炎，不過痛歸痛，我的脾氣並沒有因此變好。但我之所以討厭迷你麥，是因為這樣的想法太過狹隘。布蘭特打算買下足以容納一般麥當勞大小的土地，卻只蓋縮小版的麥當勞，若經營得不錯，再把規模擴大。這個計畫實在難以反駁，因為開幕後非常成功，第一間迷你麥的首月營業額就有七萬美元。但他們蓋了二十二間迷你麥之後——部分沒有室內座位，部分則有三十八個座位——終於受不了我在辦公室的大吼大叫，於是把整個計畫喊停。他媽的，這才像話嘛！從此這些迷你麥就恢復到麥當勞原有的規模，幾乎所有分店的生意都大幅成長。我始終認為，想法一旦狹隘，成長就會受限。

布蘭特揚棄迷你麥的計畫後，我們就可專注推動重新裝潢和增設座位的宣傳活動。然而，我還是得持續緊盯後續發展，因為往往我認為可以設置八十個座位的分店，他們只打算放五十個座位，而我覺得可以設置一百四十個座位的分店，他們只打算放八十個座位。

說起來其實雙方都有道理。午餐時間，一百四十個座位可能只需一個半小時就坐滿了，白天其他時間多半是空蕩蕩的，這情況在市中心的麥當勞十分常見。一天下來，若有十八到二十個小時許多座位都空空如也，的確不敷成本。但就麥當勞而言，我還是喜歡冒險一搏。佛瑞德也所見略同，他的看法深得我心：**只要設備到位，生意自然跟上**。換句話說，即使烤爐多了些空間，炸爐或收銀機多了一台，你遲早都會用上它們，絕不會白白浪費資源。

既然提到布蘭特，我就得特別說明一下，我向來認為我們之間的衝突能激發許多創意。我們在加州辦公室時就開始意見不同，當時他是洛杉磯的地區總監。對於任何議題，他跟佛瑞德都是秉持保守立場，我則是抱持開明的態度，因此每次主管會議都擦出亮眼的火花。

經年累月下來，已有不少人看不慣我的作風，因而大肆批評，說我老愛實驗新產品，只是一種自我耽溺的愚蠢行為。他們認為，我這個習慣是源於我從不滿足的銷售員性格，所以會不停地找尋新東西銷售。他們常說：「麥當勞是做漢堡生意的，克洛克怎麼可以把雞也放到菜單上呢？」或質疑道：「何必改變原本大受歡迎的餐點組合呢？」

誠然，我們的菜單多年來歷經許多改變，而麥香魚、大麥克、蘋果派和滿福堡的成功也是有目共睹。我覺得最有意思的是，**這些產品都是源自於加盟主的靈感**，因此公司受惠於業者的巧思，業者亦受惠於麥當勞建立的形象和廣告。就我而言，這是落實資本主義的最佳典範。而**競爭則刺激了新產品的發想**。路易斯．葛羅恩在辛辛那提市的天主教區推出麥香魚堡，以和大胃王餐館一較高下；大麥克則是匹茲堡市加盟主吉姆．德利加提（Jim Delligatti）的巧思，以抗衡漢堡王等漢堡專賣店販售的大漢堡。

康乃狄克州恩菲爾市的加盟主哈洛・羅森（Harold Rosen）則發明了聖派翠克節（St. Patrick's Day）的專屬飲品：酢漿草奶昔。哈洛認真地對我說：「只有姓羅森的人，才想得出愛爾蘭風味的飲料。」我回答：「是沒錯，也只有姓克洛克的人，才會想得到夏威夷風味的漢堡……呼啦堡。」他一聲不吭，不知道我是否在說笑。除了有加盟主貢獻他們的創意之外，我的老友戴維・沃勒斯坦（Dave Wallerstein），亦即「巴拉班卡茨連鎖電影院」（Balaban & Katz）的老闆，率先提出大包薯條的構想。他說自己愛吃薯條，但一小包吃不過癮，兩包又嫌太多。我們討論一下後，他終於說服我們在芝加哥他家附近的麥當勞試賣大薯。店內有個窗口名為「沃勒斯坦之窗」，因為每回經理或員工抬頭望向窗外，都會看到戴維在外窺探大薯的銷售情形；他根本就毋需擔心，大薯的銷量一飛沖天。戴維如今已退休，時間充裕，但仍善盡榮譽理事的職責，老愛跟我去訪視各地的麥當勞。

蘋果派正式登場之前，我們就已經花了許多時間，尋找適合麥當勞販售的甜點。我總**覺得，有了甜點，菜單才算完整；但是甜點必須符合既有生產流程，又得廣為大眾所接受，實非易事。**我本來以為草莓酥是最佳選擇，但只有試賣初期銷量不錯，之後便乏人問津；我原先也對磅蛋糕滿心期待，但它不夠吸睛。我們需要的是在廣告上夠討喜的產品。

正當我準備放棄之際，退役少校利頓・卡克蘭建議我們嘗試採用派皮類的甜點，那是美國南方很受歡迎的傳統美食。接下來的發展，在速食業想必已眾所周知。熱呼呼的蘋果派以及後來的櫻桃派，都具有獨特的魅力，非常適合加入麥當勞的產品陣容，大幅提升了我們的整體營收，並開創了全新產業，專門生產包餡的冷凍派皮，供應給各地的麥當勞餐館。

一九七二年耶誕節期間，我正造訪聖塔芭芭拉市，恰好接到當地加盟主厄伯・彼得森（Herb Peterson）的電話，他說有重要的東西要給我看，卻不肯透露任何細節。原來，他不希望我聽了之後斷然拒絕，這確實有可能，因為他的建議當時聽來簡直瘋狂：早餐漢堡。他先用製蛋圈做出圓形的蛋，蛋黃會隨之破裂，再鋪上一片起司和一片加拿大烤培根，最後疊在塗好奶油的烤英式瑪芬上面。我對他的簡報半信半疑，但嘗了一口之後，完全就被說服了。心想，哇塞！我要每家麥當勞馬上推出這項產品。當然，現實不可能如此，我們花了將近三年的時間，才讓蛋堡完全融入生產體系之中。佛瑞德的太太派蒂將它取名為「滿福堡」（Egg McMuffin），推出之後立刻成為人氣產品。

滿福堡為麥當勞帶來全新商機：早餐。我們立刻著手進行相關事宜，而最讓人振奮的，莫過於見到研發、廣告行銷、營運供應的專家們跨部門合作，共同打造一項計畫，以迎合早餐族群的喜好。當時眾多問題都有待解決，推出新系列的產品後，許多挑戰更是頭一回遇到。舉例來說，早餐的菜單若要完整，一定需要有鬆餅。但是鬆餅的保溫時間極短，所以在客流量較低的時段，我們就得採用「現點現做」的方式。我們的食品生產線製作漢堡和薯條的效率高而且速度快，但準備早餐的產品時，一切就得放慢，重新調整步調。麥當勞總部經過一番策劃，解決了早餐供給與生產的問題，加盟主可自行決定是否要跟進販售——準備早餐比較花時間，可能還得多僱用些員工，並讓現有員工接受培訓。因此，早餐的成長速度極為緩慢，但我觀察到它正逐漸在各地風行起來，預料許多麥當勞餐館將推出類似產品，例如週日供應的早午餐。

我時常會在菜單加些新產品來試水溫，部分在特定店面試賣的產品，可能最後會成為各店的常態商品，也可能市場反應不佳而收場。我的農場上有座實驗廚房和實驗室，裡面一應俱全，用來測試所有產品，而橡溪鎮的創意中心則用來激盪想法。佛瑞德對於任何新產品，都故意先睥睨而視，再挖苦道：「這點子感覺不錯啦，搞不好我們以後可以賣烤香蕉囉？旁邊再放一小盒楓糖漿，晚餐的話還可以淋些烈酒、火燒兩下。」這般冷嘲熱諷我並不在意，我懂他的想法，也表示尊重；他不希望我們被新產品給沖昏頭。我們當然不會如此，反而會保持彈性，視市場需求與時俱進。我們有所為也有所不為：例如，麥當勞有可能未來會賣披薩，但是**絕對不可能賣熱狗**，因為你根本無從得知熱狗的成分，我們的品管相當嚴格，不會允許這種來路不明的產品。

有些主管還有自己的美國地圖，上面戳著不同顏色的圖釘，代表各地的銷售據點。我根本不用地圖提醒，因為一切早就牢牢記在心裏，包括店面的類型、加盟主名字、銷售的狀況、面臨的難題等等。當然，我們擁有四千個營業據點，我不可能像地區顧問或經理，隨時掌握最新情況，但我仍可以透過房地產活動來了解。

我們初次購入公司專機時，時常飛到不同社區上方，尋找學校和教堂尖塔，看看何處適合開設麥當勞分店。等到我們有了大致的概念後，再進行實地勘查。現在我們有直升機，場勘就更方便了。往往不出一個月，我就會接到不同地區的報告，告訴我公司的五架直升機又發現了新地點，這是之前難以企及的成果。我們在橡溪鎮的辦公室有台電腦，專門做房地產調查，但紙本資料對我而言一點用也沒有，只要我們找到有潛力的地段，我就會開著車去當地晃晃，再到街角的沙龍以及當地超市逛逛。我會跟當地人寒暄打交道，同時觀察人潮來來去去，這些線索都可反映麥當勞餐館的未來營運狀況。我要是傻傻地依照電腦的分析行事，蓋出來的餐館八成只會有一排販賣機，只要按幾個鈕，就可以買到大麥克、奶昔、薯條等產品，完全自動化。若真有心如此，吉姆．辛德勒一定辦得到，但我們絕不會採用這種方式，畢竟麥當勞是以人為本的企業，點餐櫃台小姐的微笑，已成為麥當勞形象不可或缺的一環。

為麥當勞找尋展店地點讓我既滿足，又能發揮創意。我勘察的地點起初多半是鳥不生蛋的地方。等到我蓋了棟餐館、加盟主進駐，僱用了五十或一百人，陸續就出現了許多商機，舉凡垃圾清潔員、景觀設計師、肉商、麵包商、馬鈴薯商等都有錢可賺。原本光禿禿的土地，蹦出一座年收百萬美元的餐館，我得說，這一切帶來莫大的滿足感。

一九七四年，「十四研究公司」（The Fourteen Research Corporation）刊登了一則七十五頁的專題報導，剖析麥當勞至一九九九年的成長趨勢，簡要地勾勒出我們往後的財務狀況以及土地開發走向，很類似我個人的看法：

歸根究柢，麥當勞經營得如此成功，原因在於產品物美價廉、服務效率良好以及環境舒適乾淨。雖然麥當勞菜單上的選擇不多，但其提供的餐點已成為北美廣為接受的主食。因此，相較於大多數餐廳，麥當勞的產品在市場上需求穩定，比較不受景氣波動的影響。

一九七〇年代以前，麥當勞幾乎都選擇在郊區設點，但近來重金投資全國廣告，逐漸誘發全美各地對其產品的需求。於是，麥當勞吸引全國目光，開始逐漸多樣化，積極推動展店的計畫。現今，有一百家以上的麥當勞餐館是設立於都會區和購物中心，甚至連大學校園內也有營業據點，絕大多數都生意興隆，還有更多分店正在規劃中。

可以肯定的是，無論是主要人口集中區（郊區和城市）或次要人口集中區（學校、商場、工業園區、體育場等），只要資金周轉率符合公司目標，麥當勞都可以成功設立分店。有鑑於此種多頭並進的展店策略，加上營收持續成長，因此我們預估，全球每年（截至一九七九年）平均將增加四百八十五家麥當勞餐館。

「多頭並進」的展店策略，說得真好！全美有無數地段雖然毫不起眼，卻具有設立麥當勞的潛力，我們當然有意把觸角延伸出去。

一般人需要什麼本事才能加盟麥當勞呢？最重要的就是投注個人的時間和精力。加盟主不需要有過人的智商或大學文憑，但一定得甘願認真工作，專心處理經營麥當勞所遇到的困難。多年來，我們的加盟金早已大幅增加：一九五五年草創時期只要九百五十美元；十年後，麥當勞公開上市，平均加盟金是八萬一千五百美元。如今，加盟主則需花費二十萬美元，包括加盟金、相關設備及裝潢費用，惟未計入借款利息或財務費用。

初次面試時，申請人就會了解加盟的資格限制，以及我們所協助的項目。了解所需的投資後，若申請人仍有興趣加盟，我們就會讓他到自家附近的麥當勞餐館試做一陣子，並輪值晚班或週末班，以免和現有的工作衝突。如此一來，申請人便可親身體驗麥當勞的工作內容和管理實務；我們也藉這段期間評估申請人是否適合在麥當勞工作。試用期滿，與當地加盟經理面談後，申請人就可繳交四千美元的押金，並得知未來工作地點所在的市場區域；我們從不確切指出餐館位置。如今，想要申請加盟授權的難度高多了，因為我們常優先考慮現有的加盟主，或是在麥當勞已工作十年以上的員工。

我們選定餐館地點後，申請人就會接獲通知（通常是申請通過後的兩年內），並且實地走訪該地，若仍有興趣，我們便會進一步讓其參與麥當勞餐館營運。同時，我們也會與申請人保持聯絡，待其處理原工作的離職手續，以及搬新家至未來餐館地點。到了這個階段，申請人必須另外在麥當勞工作五百個小時，並參加新進人員培訓及管理課程。之後，店面開幕的四至六個月前，申請人得在漢堡大學完成進階營運課程，進一步提升管理能力及經營知識，初次面對顧客就可派上用場。

這些準備工作及培訓課程，有助於確保麥當勞加盟主立即上手。而且不只如此，我們還會藉由地區代表的制度，持續從旁協助。

而無論是餐館選擇、人員培訓、行銷建議、產品開發、每套設備的研發，都息息相關，再搭配我們的全美廣告宣傳策略，以及持續的督導與協助，便形成難能可貴的支援體系。每位加盟主僅支付營收的一一．五％給麥當勞總公司，就可獲得上述資源，根本就超級划算。

我們的第一位加盟主阿爾特．班德曾經透露，他有時會想到，與其把營收付給麥當勞，何不自己開家餐廳呢？畢竟我當初剛踏入速食業時，許多大小事都得仰仗班德的協助，班德想要自立門戶應該輕而易舉。

他說道：「我自己開店或許有辦法成功，但我考量到的是，如果沒有麥當勞提供這些眾多服務，我就得自掏腰包，成本必定相當可觀。麥當勞這招牌可值錢了，我自己的店有可能在全美打廣告嗎？簡直是做夢。另外像是大量採購、漢堡大學、店經理們的培訓、產品開發等等……單槍匹馬的話，怎麼可能包辦？」

我們在都市的展店計畫一直挫折不斷，因為那裡與郊區的房地產情況天差地遠。另外，都市的政治社會紛擾也是郊區所沒有的，而且不時會有社運分子拿麥當勞當作箭靶，藉此宣揚他們的理念。麥當勞變成了大企業的代表。舉例來說，我們在紐約市展店的過程中，有些自視甚高的作家硬是給我們扣上陰謀論的帽子——渾身銅臭味的資本家假扮成麥當勞叔叔，要來榨乾無辜民眾的荷包囉。這群人空有熱血，根本只是反對資本主義的制度。根據他們的說詞，企業一定是道德淪喪或是從事不法勾當，才可能在自由企業的環境中脫穎而出。這群人真是可憐，竟然抱持如此狹隘又扭曲的觀點，忘了美國正是因資本制度而偉大。幸好，他們的胡言亂語並未對民眾造成影響，麥當勞乾淨衛生的用餐環境廣受好評；這些消費者很清楚，麥當勞餐館有助改善當地社區。只有極少數的社區認為，麥當勞有違他們當地的格調，例如奢華氣息濃厚的紐約市萊辛頓大道一帶，此時我們便識相退場。雖然賠了很多錢，但若他們不希望麥當勞出現，我們何必自討苦吃，到頭來不過是虧本生意。但萊辛頓大道的上流人士若認為麥當勞缺乏品味、不夠精緻或不足以襯托他們的社經地位，不妨前往芝加哥水塔廣場（Water Tower Place）旁的分店，可能會對麥當勞就此改觀。這家分店位於密西根大道上，所在的大樓高度現代化，還有多家知名零售精品店進駐。我們的生意好得不得了，只不過偶爾需特地向身穿貂皮大衣的貴婦解釋，她得到櫃台點餐，這裡並不提供桌邊服務。

親眼見證並參與麥當勞一路成長，感覺實在妙不可言。然而，我卻覺得自己愈來愈難以跟上腳步。有時候，我的髖關節炎實在疼痛難耐，就連走路都成問題。但我寧願痛死也不要閒死，所以儘管裘妮屢次勸我一起到農場定居，我依舊是東奔四跑。她很喜歡農場的環境，我當然也是，但還有太多事等我完成，怎麼可能整天坐著享福？

首先，我很想要買下芝加哥小熊隊，畢竟我從七歲開始就是他們的球迷了。一九七二年，時機似乎成熟，我便表明自己有意開價，但當時的老闆菲利普．瑞格利（Phil Wrigley）連談都不願意談。他只託人告訴我，若他打算賣掉小熊隊，我可能會是他中意的買家，但他目前無意出售。我簡直氣壞了，因為瑞格利並沒有盡責督促球隊進步，卻也不願意讓其他人接手。愚蠢至極！他似乎沒把話說死，未來可能會回心轉意，但我並沒有閒工夫等他慢慢考慮，索性作罷。一九七四年初，我搭機飛到洛杉磯找裘妮時，早就把買下棒球隊的事拋諸腦後，但讀到報上一則消息，是關於聖地牙哥教士隊（San Diego Padres）即將出售。我心想：「天哪，聖地牙哥是個很棒的地方啊，何不去看看它們的球場呢？」我向來都很欽佩他們的球團經理巴茲·巴瓦西（Buzzie Bavasi），加上出售案的條件頗吸引人。因此，我和裘妮在機場上車後，就表示自己考慮買下聖地牙哥教士隊。她一臉狐疑地問我說：「那到底是什麼東西？修道院嗎？」

第15章

買下職棒球隊

一九七四年，聖地牙哥教士隊的首場主場比賽上，我的行徑嚇壞了所有人，包括我太太裘妮和職棒聯盟理事長：我一把抓過廣播麥克風，公開斥責球員，直指他們的表現奇爛無比。現場四萬名球迷怒吼叫囂，棒球專欄作家也紛紛撻伐。我一回到飯店，就接到裘妮的電話，劈頭就說我把她的臉丟光了，直問我怎麼可以這麼蠻橫？是喝醉了嗎？我向她保證我清醒得很，只是發發脾氣而已。

這件事可能已經醞釀好一陣子了，可能早在我請唐恩．魯賓協調購買教士隊時就埋下了種子。當時我得知教士隊的老闆，亦即加州的銀行家阿霍特．史密斯（C. Arnholt Smith）周轉不靈，不得不出售球隊。好幾個機構都表示有意願購買，因此球隊前途更加撲朔迷離。魯賓致電給球團經理巴茲．巴瓦西，表示雷．克洛克有意出價購買。

巴茲說道：「很好，那麼其他的出資人是誰？」

「他就是唯一的出資人啊。」電話另一頭默不作聲，似乎並不相信。魯賓補充說道：「他擁有七百萬股的麥當勞普通股，每股市價約五十五美元。」巴茲心算了一下，立即表示很樂意與史密斯老闆談談。

我們先舉行了一次初步會議。我、巴茲和他兒子彼得三人相互分享棒球趣聞，完全就是一見如故。我向來敬重巴茲的棒球專業，早在布魯克林道奇隊[1]的時代便是如此，他曾與賴瑞．麥克菲爾（Larry MacPhail）、布蘭奇．瑞基（Branch Rickey）和華特．歐麥利（Walter O'Malley）等道奇隊的早期老闆共事過。我們聊天的過程中，我不禁想起自己一直以來對於棒球的熱愛，於是更加篤定要買下教士隊。但還要經過數星期的磋商才能拍板定案，實在令我寢食難安。史密斯起初的開價比我的上限還多出五十萬美元；價格好不容易敲定後，史密斯的律師團卻繼續拖延時間，希望先讓他從財務危機中全身而退。魯賓則每天打電話給我，回報與史密斯律師團的開會進度。有一次，他們在史密斯的銀行樓上高級套房中，進行一場關鍵的協商，可是談得特別不順。魯賓和他的合夥人鮑伯．葛蘭特（Bob Grant）便到另一個房間商討策略；窗外就是美麗的聖地牙哥灣。他後來跟我說，他們認為史密斯應該差不多快要乖乖聽話了，但還沒有百分之百確定，直到他們注意到桌上一張泛黃的合照。照片中有三人勉強還可辨認，分別是阿霍特．史密斯、理查．尼克森

1 洛杉磯道奇隊的前身。

（Richard M. Nixon）和史・安格紐（Spiro Agnew）[2]。當時水門案仍餘波蕩漾，這張象徵著美好過去的合照毋寧格外刺眼，讓鮑伯和魯賓有如打了一劑強心針，立刻振作起來重回談判桌。最後，除了一兩項要點仍有歧見外，他們大致上是成功談妥了合約。我某天晚上搭機前往聖地牙哥，與他倆和史密斯會面。

我說：「史密斯先生，我們拖得夠久了。除非現在簽約，否則就一切免談囉。」

我們簽下合約。

聖地牙哥教士隊當時已連續五年表現墊底，所以我並不奢望奇蹟出現。我跟體育記者說，教士隊可能得花至少三年才能爬出谷底。球季一開始，他們就在洛杉磯連輸三場比賽。我失望歸失望，卻是意料之中。

我抵達聖地牙哥時，受到英雄式的熱烈歡迎。街上的老人小孩紛紛攔住我，感謝我拯救了他們的球隊。第一次主場比賽的開幕典禮上，聖地牙哥市長和體育記者都頒獎給我，美國海軍樂儀隊和陸戰隊樂隊紛紛演奏，鎂光燈閃個不停；我站在場上，雙手高舉，比出勝利的手勢，有如總統候選人般接受群眾的歡呼。

歌手高登・麥克雷（Gordon McRae）唱完國歌後，裁判大喊：「開球！」我興奮不已，看到我們的對手休士頓太空人隊第一棒打者走向本壘板，我簡直熱血沸騰。但這般心情很快就消失了，我們一連幾局發生大大小小的失誤，讓我愈來愈看不下去。

後來教士隊出現一絲生機：滿壘情況下只有一人出局。結果我方的打者擊出一個本壘板後方的高飛球，所有人都緊張地盯著那顆球，身體隨之轉動，試圖用念力讓球落入看台，以形成界外球。但太空人隊的捕手接到了球，造成第二人出局。我轉頭對唐恩．魯賓說：「有夠可惡！我們剛才明明就氣勢如虹，但還好我們還有一次打擊機會。」

我再度轉頭回去看比賽時，看到的景象令人傻眼，太空人隊的守備球員已紛紛小跑步退場，比賽已經結束。我怒吼：「發生什麼事了？不是應該還有一個打者嗎？」唐恩搖搖頭對我說：「對呀，本來還有機會。但球還在飛的時候，我們一壘的人就往二壘衝，立刻就被捕手給雙殺了。」

聽完這話，我真的忍無可忍，倏然跳起身，氣沖沖地走向公共廣播間。我突然推開門時，廣播員一臉納悶地望著我說：「哈囉，克洛克先生。」我理都不理他，直接把麥克風

2 尼克森和安格紐曾任同一屆的美國總統與副總統，兩人都因醜聞而下台。

從他手中搶過來。說巧不巧，一名裸男正從左外野看台，一路在球場上狂奔。我的聲音震天價響，傳入球場每個角落：「把那裸奔的傢伙趕出去！快點逮住他！去叫警察來！」後來並沒有抓到裸男，但引起在場觀眾不小的騷動。但是相較於我接下來引發的喧然大波，那根本不算什麼。

「我是雷．克洛克。」我告訴在場球迷，我要宣布一個好消息和一個壞消息。當天傍晚的球迷人數，超過幾天前洛杉磯道奇隊在自家體育場的初賽觀眾人數，大約多出一萬人，這部分是好消息。「壞消息就是，我們這場比賽打得爛透了，」我大吼道：「我在此向各位道歉，我自己看了都想吐血，從來沒看過這麼智障的棒球賽！」

時至今日，我在接受專訪時，仍然有主持人會問及此事，通常是問我是否感到後悔。後悔個屁！我唯一的後悔，就是當時沒有把他們罵得更狗血淋頭。我出於禮貌，事後有向聯盟理事長道歉，但讓我相當得意的是，棒球比賽因此多了一項「克洛克條款」：比賽時只有官方廣播員可以使用公共廣播系統。我也為球賽帶來一個新觀念。麥當勞的員工都知道，我向來堅持，顧客來店消費，就應該獲得優質的產品；在我當球隊老闆之前，棒球界顯然沒有人提出球員必須為了在場的球迷全力以赴。

當時，輿論對我咆哮球場的行為褒貶不一。報紙專欄作家對此大作文章，電視評論家也一再討論。大體而言，我想他們都同意我強調的事：輸球並不可恥，沒有盡力才叫可恥。至於這點是否適用於職業球員，棒球界也分為正反兩派。當時休士頓太空人隊（後來加入了我們教士隊）的三壘手道格・瑞德（Doug Rader）表示：「哇靠，他以為他在跟誰說話啊？把我們當成只會準備冷盤的廚師嗎？」我告訴記者，瑞德這番話等於污辱了全美那些專門準備冷盤的廚師，所以下一場教士隊對上太空人隊的主場比賽，我要邀請他們當觀賽佳賓——他們只要戴著廚師帽前來，就可以免費入場。那場比賽，有數千位戴著廚師帽的觀眾出現，他們的座位區就在三壘後方的看台。比賽開始前，瑞德還在本壘板上獲贈一頂廚師帽。比賽過程中，他的每個動作都讓球迷噓聲四起，不過當然只是好玩罷了。

即使教士隊頭兩季連連輸球，聖地牙哥的球迷照樣熱情支持，實在讓人萬分感動。觀賽球迷的人數更是逐年增加，而隨著教士隊的表現不斷進步，人數勢必會進一步提升。我們為了鼓勵民眾前來看球，規劃了許多宣傳活動，例如把美式足球賽前常舉辦的車尾派對[3]，

3　球賽開始前的慶祝派對。通常出發前會在後車廂放置各種食物，開車到球場附近之後，後門一掀便可就地野餐。

順勢引進棒球的傳統之中。某回我還捐出一萬美元，當作賽前搶錢秀的獎金。我們從看台隨機挑選四十位觀眾到布滿鈔票的球場中央，在時限內撿多少算多少，大家爭先恐後，說是場大混戰也不為過。

經理巴茲很感謝我積極參與球隊事務，並表示許多老闆往往只是出錢掛名而已。我們現在不時還會打電話問候對方。他頭一回帶我去參觀球隊的辦公室時，我得知員工薪水的金額後，簡直不敢相信。我當然曉得這都是因為史密斯財務遇到困難，但我並不希望員工認為我一毛不拔。我當然不是指那些職業球員，他們的合約都相當優渥。於是我跟巴茲說：「你要幫所有員工加薪，一個都不能少。」他完全傻眼，告訴我棒球界的傳統向來是低薪度日，沒得選擇，畢竟往往是入不敷出的情況。我的回答是，去他媽的傳統，只要是我管的球隊，員工一定得領像樣的薪水。最後，我們還是採取了折衷方案，沒有幫全部員工調薪，但絕對不會漏掉任何有資格加薪的員工。而每逢耶誕節或球隊表現良好，他們都可以領到獎金。巴茲之後也坦承，球隊之所以表現愈來愈好，部分原因是前台部門變得既勤奮又有效率。

我們的球場歸聖地牙哥市政府所有，因此我無法任意更動內部設施。我提出的部分造景和美化提案都未能被採納，我並不怪他們，畢竟他們需要考量美式足球賽的觀眾，而我的計畫必須拆除一些座位。但我提出不少提升觀賽經驗的好點子，其中之一就是插電式無人樂團。我們準備了一架自動演奏鋼琴，配備了大小鼓與銅鈸等樂器，將外觀漆成與教士隊隊徽相同的黃褐相間的顏色，再把整套樂器擺在球場入口處。巴茲原先覺得這很無厘頭，但後來看到許多人都在賽前圍著鋼琴、欣賞演奏，也就不再有異議。我還想到販售一美元的大桶爆米花，主打「全球最大桶的爆米花」。這類點子不少，例如推出白莓肉桂餅乾（Farkleberry Snickerdoodle）；其靈感來自匹茲堡市的加盟主吉姆・德利加提，當地的肉桂餅乾被戲稱為「得了麻疹的白子布朗尼」。凡此種種宣傳活動，都在持續進行當中。

教士隊則是不斷在進步。一九七七年球季開始前，我們增添了不少新血：可擔任捕手、外野手的強打者吉恩・泰南斯（Gene Tenace），以及一流的救援投手羅利・芬格斯（Rollie Fingers），他倆之前是在奧克蘭運動家隊；救援投手布奇・梅茨格（Butch Metzger），他於一九七六年獲得大聯盟年度最佳新人獎。而我們引頸企盼的一位投手也即將報到，就是一九七六年獲得賽揚獎的蘭迪・瓊斯（Randy Jones）。

可惜的是，巴茲・巴瓦西於一九七七年球季過後請辭。我成了球團總裁，但並不插手球團的營運，而是讓擔任執行副總的我的女婿巴拉爾．史密斯（Ballard Smith）去掌管經營事宜。鮑伯．方達（Bob Fontaine）則擔任副總裁暨總經理，掌管球賽相關事務，而艾爾頓．席勒（Elten Schiller）則是業務經理。這對於教士隊而言，將是與以往截然不同的管理模式。巴茲以前一人獨攬大權，凡事都要他點頭才算數。我不認為這是好方法，反而選擇把權力下放。方達進行任何交易，不需經過我的同意；當然，若涉及金額是百萬美元之譜則另當別論。不過他們三人都很成熟、穩重又幹練，我希望盡可能不要干涉他們的工作。

整體而言，買下教士隊一事帶來了許多收穫，其中最棒的就是發現聖地牙哥的進步精神，我相信它有朝一日會成為全美成長速度名列前茅的城市，其優點不勝枚舉：天氣適合製造業發展、勞力充足，而且市區瀰漫活力的氛圍，這在鳳凰城、邁阿密和羅德岱爾港都已不復見。因此，一九七六年八月，我買下了世界曲棍球聯盟旗下的聖地牙哥水手隊。我覺得除了棒球和足球外，聖地牙哥也該有職業曲棍球。可惜結果不如預期，球迷似乎還沒準備好支持曲棍球，最後只得把球隊賣回給該聯盟，反正我自己也不常觀看曲棍球比賽。

無論是買下棒球隊或曲棍球隊，總是會招致旁人的無情批評，他們都自以為可以指導別人如何花錢。一個常見的謬論是：錢可以解決問題。其實不然，錢只會製造問題，而且錢愈多、問題愈大，如何聰明地花錢只是其中一個問題而已。

有時候別人會胡亂指控，說我腦袋裡只想著賺錢。這絕非事實，我一切所作所為，向來都不是只為了賺錢。幾年前，麥當勞的營收剛開始起飛，我在一場金融會議上演講，一位老兄站起來發問：「克洛克先生這麼有熱忱和活力，真是想不到；各位知道他手上有四百萬股的麥當勞股票，而且這支股票剛漲了五美元耶。」我完全愣在那裡，感到很尷尬，那老兄直盯著我瞧，所以我就對著麥克風說：「那又怎樣！我還是只能穿著一雙鞋啊！」語畢，全場熱烈鼓掌。但這就是心態的問題。若凡事只考慮到自己的利益，就以為其他人也是如此。就曾有作家批評，麥當勞在天災來襲時供應免費咖啡和漢堡，不過是自私自利的公關伎倆。這種話實在令人難以接受，因為我們一直努力想當個大家的好鄰居，成為肩負社會責任的企業。我們向來鼓勵加盟主多參與社區活動，以及多捐款給值得幫助的慈善機構。

另外，有些關於麥當勞的平面媒體報導有失公允。舉例來說，我們被控拆掉麻州劍橋市一棟如同「地標」的希臘復興式建築，只為了在原地蓋一棟麥當勞。但那位記者沒提到的是，那棟建築原本就殘敗不堪，我們購買之前，建築內外盡是遭到破壞與燒焦的痕跡。劍橋市政府之前甚至不願意將其指定為地標。自從一九七四年該地的麥當勞開幕以來，反對派多次發起抗議遊行，因此經營得非常辛苦。加盟主勞倫斯・基莫曼（Lawrence Kimmelman）之所以能勉強苦撐，是因為他在波士頓地區還有兩家店。然而，劍橋市居民逐漸意識到，麥當勞是當地不可多得的資產，並淡忘了那些負面攻訐，我們的生意也隨之改善。一位民主黨籍非裔婦女曾在醫院擔任病房協調師，當初大力反對麥當勞開幕，後來卻心生佩服，甚至到基莫曼的店裡替他工作。一九七六年，眾議院議長湯瑪斯・歐尼爾（Thomas P. “Tip” O’Neill）告訴基莫曼，他很高興麥當勞克服了在劍橋市面臨的難題，因為「你們在這裡的社區服務做得非常好」。

而在與加州工會協調糾紛的過程中，我們還被扣上「公然操弄」的帽子。從另一個角度解讀，這番話或許是讚美，指我們至少還有在做事。報導引述，我問艾利歐多（Alioto）市長：「如果要在舊金山開第三家麥當勞，要用什麼來交換呢？」我從未說過這話，純屬子虛烏有。

雖然作出以上澄清，但我並不是要說自己從不犯錯。我犯過的錯可多了，搞不好還可以集結成冊。但光講犯過的錯想必沒什麼意思，負負並不得正。

某次，我、哈利和瓊恩投資了一家位於芝加哥南區的啤酒園餐廳，結果以賠錢收場。我也嘗試蓋了裝潢高雅的「拉蒙」漢堡餐廳（Ramond's），並分別在比佛利山莊和芝加哥各開一家店試營運，但都無法建立口碑，只好趕快設了停損點以退場。但拉蒙餐廳讓我們上了寶貴的一課，因而發展出市區麥當勞餐館的原型，顧客絡繹不絕。拉蒙餐廳的問題有部分是我所造成，因為即使漢堡銷量有限，我仍堅持要顧及品質，使得利潤薄得可以。同理可證，我在加州那段時間成立的「珍杜賓家常派」（Jane Dobbins Pie Tree）連鎖店，點子一級棒而且派皮美味到家，但成本所費不貲，因此賣愈多虧愈多。我也替麥當勞的產品出了不少餿主意，例如之前我提過的不受青睞的呼啦堡，鋒頭完全被麥香魚給搶走。路易斯．葛羅恩只要找到機會，仍會三不五時虧我一下。另一項失敗作是烤牛肉。我們原本滿心期待，但烤牛肉並非麥當勞經營模式所能負荷；儘管有些分店的銷售成績不錯，這項產品仍難以融入既有的生產流程。烤牛肉是項失敗的經驗，但我們獲益良多；這點至關重要，因為若你像我一樣愛冒險，難免會遇到失敗。因此，即使三振出局，也要盡量從經驗中學習。多虧這次的教訓，我們更加了解麥當勞的營運方式，這項收穫絕對足以彌補失敗的損失。

我在此還要提起另一件教訓，因為實在有太多渾蛋東西拿來大作文章：一九七二年，尼克森競選總統期間，我贊助了二十五萬美元。我一時不察，就被尼克森的募款專員莫里斯・史丹（Maurice Stans）給說服了，後來才驚覺自己捐錢的動機大錯特錯，因為我並不是支持尼克森，而是反對另一名候選人喬治・麥高文（George McGovern）。我早該知道這有違自己的原則：**若行為本身錯了，就別想硬拗成對的**。捐款引發的最慘後果，就是有些王八蛋胡亂影射，說我的目的是從聯邦價格委員會（federal price commission）取得最惠待遇，以利「四分之一磅牛肉堡」（Quarter Pounder）的銷售。我的用詞可能會使本書無法付梓，因此套用我的律師朋友佛瑞德・雷恩（Fred Lane）的話：「水門案特別委員會、政府會計處、司法部、眾議院彈劾委員會等單位都徹查過了，完全沒發現任何不法跡象。」

我有一次在達特茅斯大學演講，一位學生問道，我是否會要求麥當勞的眾主管依循我的政治傾向。

佛瑞德・特納這時插嘴說：「我可以回答這題。克洛克投給尼克森，我投給麥高文。」

「沒錯，」我答道，「結果兩人都押錯寶了。」

此話一出，全場哄堂大笑，我接著說：「我認為，**如果兩位主管的想法如出一轍，那根本只要一位主管就夠了。**」

每當有人對我或麥當勞無的放矢的內容見報，我都暴跳如雷、出口成髒。但我相當欽佩杜魯門總統（Harry Truman），尤其喜歡他的經典名言：「怕熱就不要進廚房。」我還沒打算就此離開廚房，直到內心對麥當勞的願景一一實現，我才甘願放下鍋鏟。

第16章

堅持到最後！

我買下聖地牙哥教士隊之後不久，有天晚上我和芝加哥論壇報的體育專欄作家戴維·康登（Dave Condon）聊天。我們談及一九二九年小熊隊的精采表現，一路打進世界大賽，與費城運動家爭奪冠軍。我說道：「戴維，投胎轉世問我就對了。哈克·威爾森（Hack Wilson）在豔陽下漏接高飛球的那天[1]，我也跟著死了！」

玩笑歸玩笑，我真的有時覺得這條命是撿來的，完全拜醫學之賜，因此我決定成立克洛克基金會（Kroc Foundation）。

起初，我頗為抗拒成立基金會一事，因為這被視為避稅的方法。我對此毫無興趣，畢竟我從事慈善並不是為了避稅；如此特立獨行的看法，一反業界慣例。類似的事情還有報公帳。我這輩子從未以個人名義，向麥當勞報過任何一筆公帳。當然，在麥當勞草創時期，即便報公帳也沒有用；當時我無薪水可領，只能依靠普林斯堡代銷公司的收入，來維持麥當勞的運作。但好幾年過去了，我仍未想過拿公司的錢來補貼自己。除了使用公司的信用卡之外，我大部分都是自掏腰包。此外，我還購買了一批共十九輛客製化的灰狗巴士，上面設有廚房、廁所、電話、彩色電視、休閒酒吧風格的沙發等，我把巴士全數租給麥當勞，僅象徵性的收年租金一美元。這些「大麥克」巴士常租給各區的加盟主，方便其舉辦有意義的活動，帶弱勢孩童及年長者出外踏青等等。我也購買了一架公司專用飛機：「灣流II型」（Grumman Gulfstream G-2）噴射機，同樣以年租金一美元租給麥當勞。這架專機可以飛往世界各地，我們充分運用它來節省主管出差的成本。我的重點在於，錢要花在刀口上。總之，魯賓提議把基金會的宗旨訂為贊助醫學研究，我才願意豎起耳朵傾聽。

討論細節的過程中，我發覺我弟弟鮑伯（Robert L. Kroc）極適合擔任基金會的總裁。他擁有博士學位，於一九六五年已是製藥公司「華納—蘭伯特」（Warner-Lambert）生理學部門的主任，專長為內分泌學，在該領域頗受敬重。我好不容易才說服鮑伯放棄原來工作，從紐澤西州莫里斯鎮，舉家搬遷至我在南加州的農場。他在一九六九年終於搬了過來，現在把基金會管理得相當好。農場上的總部大樓有完善的設施，適合舉辦科學會議及發表研究論文。

鮑伯凡事都講究科學實證，性格八股而且龜毛，他寧願犧牲做事的效率，也要減少犯錯的機率。我這人則性子急，只要能把事情快點完成，犯些錯也在所不惜。因此，對於基

1　一九二九年的世界大賽中，小熊隊外野手威爾森因漏接一記高飛球而痛失三分。

金會財務如何處理，我倆的看法可說大相逕庭。我當初根本沒料到，想捐個錢也他媽的這麼困難，任何款項似乎都要經過無止盡的研究和討論。但我不得不說，鮑伯確實成功資助了一些重要研究。許多聲譽卓著的科學家和醫師都參加過我們的會議，會議成果都已集結出版，成了重要醫學期刊的增刊號。

克洛克基金會也贊助糖尿病、關節炎和多發性硬化症的相關研究。我的選擇是基於兩個理由：首先，這三種疾病都好發於年輕人身上，他們正值青春年華，卻在患病後失去了活力；另一項原因，則是這三種疾病都撼動了我的人生。我自己患有糖尿病，我前妻在世時也受其所苦，女兒則在一九七三年不敵病魔而過世。而我的髖關節早就受盡關節炎的折磨，四處走動必須柱著拐杖。一九七四年，我一度連床都下不了，我當時真的受夠了！我看過的每位醫生都不願幫我開刀，因為我有糖尿病和高血壓，但如今我無論如何都要安裝人工髖關節，寧願死也不要整天躺在床上。結果，人工關節的效果挺好的。我不但把拐杖放回衣櫃裡，太太還不時提醒我要走慢一點。我妹妹洛蘭則因多發性硬化症而不良於行，她與她先生漢克．葛羅（Hank Groh）在印地安納州拉法葉市（Lafayette）開了三家麥當勞餐館。我弟總是說，洛蘭在許多方面都跟我很像，彷彿是我的翻版。

一九七六年，基金會進一步拓展業務活動，納入一項喚醒公眾意識的計畫，提醒大家注意酒精濫用對家庭的影響。該計畫名為「軟木塞行動」（CORK，即Kroc倒著拼），成了裘妮的生活重心。她耗費許多時間與心力推廣這項計畫，並與約翰・凱勒（John Keller）神父和律師佛瑞德・雷恩合作。

我向來樂於助人，所以相當積極地參與基金會的工作。也正因如此，我在一九七二年初做了一個決定，即當年十月我過七十歲生日時，要捐出一筆鉅額款項來做公益。我初次與裘妮和魯賓討論此構想時，拋出的金額是一百萬美元，感覺是不錯的整數。但時間一久，我們草擬的捐贈名單愈來愈長，金額也不斷增加。

我打算挑些芝加哥的機構，畢竟芝加哥是我和麥當勞的故鄉，我想藉此表達感謝之意。另一項考量是，家庭和年輕人是麥當勞的重要顧客，也是我們成功的重要推手，我希望透過捐贈來彰顯此事。因此，最後捐贈名單包括：兒童紀念醫院（Children's Memorial Hospital），供其進行基因研究和蓋新設施；西北紀念醫院兒童庇護所（Passavant Pavilion of Northwestern Memorial Hospital），供其蓋研究機構以探討生育問題；阿德勒天文展覽館（Adler Planetarium），供其開發三百六十度全景劇場；林肯公園動物園（Lincoln Park

Zoo），供其蓋大猩猩之屋；佩斯研究所（PACE Institute），供其為囚犯設計教育或更生計畫；拉維尼亞音樂節協會（Ravinia Festival Association），供其建立捐贈基金；費爾德自然史博物館（Field Museum of Natural History），供其舉辦大型生態展。

正當擬定捐贈名單之時，恰好麥當勞橡溪鎮的總部舉行一個捐血日活動，以幫助會計部瑞德．盧埃林（Red Llewellyn）的小兒子。他和其他九名孩童都罹患白血症，在田納西州曼菲斯的聖茱蒂兒童研究醫院（St. Jude's Children's Research Hospital）接受治療，因此需要大量輸血。瑞德的太太後來到了活動現場，親自向我道謝，說她兒子在聖茱蒂醫院受到極好的照顧。所以我就調查了一下，更了解那家醫院後，便把它加入捐贈名單中。

除了以上主要捐贈對象，我還捐款給小時候常去的橡樹園鎮哈佛公理會教堂（Harvard Congregational Church），以及南達科塔州拉匹市的公立圖書館，裘妮在那裡擔任理事。全部加總起來，我準備發出去的生日禮物金額達七百五十萬美元。老實說，能夠在眾人面前宣布這項大禮，感覺真是太美妙了！

如前所述，我當時就料到麥當勞會成為全美知名的公司。而正因為我身在美國，此事才得以成真，我也樂於和別人分享我的好運。

我的朋友和同事完全了解我的感受，因此送給我很特別的生日禮物：在費爾德自然史博物館底下設立「雷．克洛克環境基金」（Ray A. Kroc Environmental Fund）。最令我驚喜的是，館長勒藍．韋伯（Leland Webber）宣布，該基金已獲得超過十二萬五千美元的捐款，可以提供影片欣賞、戶外教學和工作坊等教育課程給年輕人參與。

為了讓我七十歲的生日慶祝活動有個完美的句點，裘妮舉行了一場盛大無比的派對，地點是在芝加哥大使飯店廳。我很期待當晚能見到一些老朋友，以及眾多麥當勞員工，包括祕書、地區人員與主管等，因為我想瞧瞧他們看到生日邀請卡會作何反應。所謂的卡片其實就是麥當勞股票，而且我還刻意安排他們當天才會收到。有些股票是平均分給一家子，而且我們特地透過私下的管道，才獲得所有配偶和小孩的社會安全號碼，好把股權轉讓給他們，同時又不能走漏消息。但我們終究成功了，這份驚喜讓派對的氣氛達到高潮。對於能夠贈送股票給一些主管的太太，我尤其感到欣慰，不只是因為她們已成為我的朋友，更因為身為麥當勞主管的太太，必須展現極大的包容與體貼。我很清楚他們為了先生的事業，都做出不少犧牲，因此想向這些太太們表達我的感謝。

談到禮物和慈善，我不禁想起人生的一大成就。多年來，我得過許多獎項。我在橡溪鎮的辦公室中，放眼望去盡是各種獎牌、獎盃和紅布條。有些人認為，堂堂一家大企業的老闆，還把這些東西當紀念品展示，似乎顯得有些俗氣。但每一個獎項，無論是參加童軍留下的粗糙手工紀念品，還是鍍金的多功能攪拌機，我都引以為榮。但最令我喜不自勝的事情，莫過於一九七五年在一場晚宴上獲得「當代傑出芝加哥人暨慈善家—雷・克洛克」獎座，頒獎單位是「全美多發性硬化症協會」（National Multiple Sclerosis Society）芝加哥分會。在裘妮的同意下，我以實際行動肯定這項榮譽，捐出一百萬美元給該協會。

數年前，費城的麥當勞加盟主共同創立一項極為實用的慈善計畫。他們與費城老鷹隊（美式足球隊）合作，成立了「麥當勞叔叔之家」（Ronald McDonald House），專門收留有病童在費城兒童醫院的家庭。我參加了開幕儀式，覺得這個計畫實在很棒。

一九七五年，一群家長進一步把計畫發揚光大；他們的孩子皆因白血病在芝加哥兒童紀念醫院接受治療。在愛德華・波姆醫生（Edward Baum）的協助下，這些家長開始推動這項計畫，預估資金需要四十萬美元，「芝加哥麥當勞餐館協會」（Association of Chicagoland McDonald's Restaurants）共挹注十五萬；芝加哥小熊美式足球隊則幫忙宣傳。另外，還有一百五十位民眾或企業提供專業服務或資料，許多情況下更是完全免費。

芝加哥的麥當勞叔叔之家與兒童紀念醫院很近，只距離兩個街區，足以容納十八戶家庭，其中有不少人的家在七十哩以外。每晚只需繳五美元（負擔不起也無妨），這裡可以自己下廚、洗衣，以及就近探望小孩、讓家人團聚。同時，也可與有類似遭遇的家長交流，藉此獲得精神上的支持。

隨著芝加哥的麥當勞叔叔之家開幕，麥當勞開始以企業的身分參與，並發放手冊、舉辦工作坊，讓全美各地加盟主了解設立的流程。有好幾個城市加入了麥當勞叔叔之家的行列，包括丹佛、西雅圖、洛杉磯、亞特蘭大、匹茲堡以及波士頓／普維斯頓區。

我朋友都曉得我深以這些活動為傲，因此在我七十五歲生日時，他們給了我一個驚喜，亦即用二十二萬五千美元，成立「雷・克洛克─麥當勞叔叔之家基金」，目的是提供種子補助金予全美的麥當勞叔叔之家，這是我所收過最好的禮物。

我唯一直接拒絕贊助的是大學的募款。不少一流大學跟我接洽，希望我能夠捐款，但我開出的條件都是：除非設立一所商業相關的學院，否則他們半毛錢都拿不到。**時下的大學生文科知識有餘，謀生知識不足；講白一點，就是大學生太多但屠夫太少**。每回我談到這點，教育學者都會擺張臭臉，指控說我這是反知識分子；此言差矣，我是反假知識分子，畢竟假知識分子實在太多了。而且我當然不反對教育，我甚至還擁有「高學歷」。一九七七年六月，達特茅斯大學授予我人文學榮譽博士學位，頌詞中簡述了我的創業歷程，並作結如下：

您向來是一位夢想家，然而如今麥當勞在全球開設了四千多家餐館，年銷數十億份漢堡和薯條，想必是做夢也想不到的成就。您開創了獨具美國特色的體制。學生現在挑選大學時，會尋找三項要件：出色的師資、一流的圖書館，以及附近有一家麥當勞。

您所分享的成功故事，深深吸引了兩個世代的艾摩斯塔克商學院學生，我們都覺得「您今天值得好好慰勞一下」。因此，我很榮幸在此頒發人文學榮譽博士學位給您，邀您加入達特茅斯這個大家庭。

這段文字完全符合我的教育理念，也完整體現於漢堡大學與漢堡中學的課程中。美國現在需要的是職涯教育。許多年輕人畢業後，事先沒作任何準備，忽然就要找份穩定的工作，往往無所適從。這也難怪，他們應該要接受的是職涯訓練，培養謀生能力以及如何樂在工作，之後若想繼續深造，再申請讀夜校也不遲。

麥當勞數以千計的成功故事，都是遵循此一模式。當然，我們也有許多別開生面的故事。舉例來說，一九五九年從五大湖區找我談加盟事宜的那九名船員，共同在奧勒岡州波特蘭市成立了一家「職涯公司」（Careers, Inc.），目前擁有五家麥當勞餐館，正在蓋第六家餐館。其中一名成員奧利・朗德（Ollie Lund）已離開公司，現在自己開了兩家麥當勞餐館；另有一名成員已經過世；其他人都因麥當勞而飛黃騰達。奧利說：「麥當勞是我們成功的關鍵。」

前面提到成功故事數以千計，並沒有任何誇大。真的是多得說不完。諸如前紐約市警察李・唐翰（Lee Dunham）就成為鎂光燈焦點；《時代》（*Time*）雜誌曾以專文報導他的故事，詳述他在哈倫市（Harlem）開店的奮鬥過程；其他媒體也有報導。但絕大多數的成功案例，都只有公司內部知道，對我來說他們全都是英雄。我們的東區經理法蘭克・貝亨（Frank Behan）不但父代母職照顧小孩，還得努力維持餐館的營運。他凡事親力親為，開張後頭一個冬天的維修帳單僅有四美元。加入麥當勞的男男女女，來自社會上的各行各業。我們的加盟主中有大學教授，例如曾在威斯康辛大學教書的艾德・崔斯曼（Ed

Traisman）；克里夫蘭市的唐恩．史密斯（Don Smith）曾是法官；亞特蘭大市的約翰．索洛曼（John Sirockman）曾是銀行家；底特律市的喬．卡茨（Joe Katz）加入前是猶太教的拉比；芝加哥市的艾利．舒帕克（Eli Shupack）曾是會計師；紐約市的約翰．克恩布里（John Kornblith）以前從事男仕服裝業；路易斯安那州巴頓魯治市（Baton Rouge）的瓦魯佐（R. C. Valluzo）曾是牙醫。我們有些加盟主是退伍軍人，例如亞歷桑那州鳳凰城的馬立翁．麥古德上校（Colonel Marion MacGruder）；還有職業運動員，例如籃球明星強尼．葛林（Johnny Green）和韋恩．恩布利（Wayne Embry），以及職業美式足球選手，像是亞特蘭大的布萊德．哈伯（Brad Hubbard）、底特律的湯米．瓦金斯（Tommy Watkins）及休士頓的班．威爾森（Ben Wilson）。由此可見，麥當勞真的是個大熔爐。

無論是個人創業故事或麥當勞企業本身，成功的關鍵並非教育水準或特殊技能，而是在於你的決心。以下引用我最愛的名言，充分表達箇中要義：

「勇往直前：世上沒有東西能取代堅持。才華無法取代堅持，徒具才華卻一事無成的人比比皆是。資質也無法取代堅持，空有資質卻不懂利用的人不勝枚舉。教育無法取代堅持，世上盡是受過教育的敗類。唯有堅持和決心方能無往不利。」[2]

就是秉持這樣的精神，我們才能打造四千家麥當勞餐館。第四千家麥當勞於一九七六年九月在蒙特婁開幕，那時的心情教人激動莫名。由於我們一位老加盟主的先生過世了，慶祝活動因而帶著一絲哀悽。而在剪綵典禮當天，老天爺像似順應這樣的氛圍，天空忽然變得灰濛濛，還飄起了細雨。當天早上，現場到處都是資深的麥當勞加盟主和總部主管，空氣中帶著懷念往事的氣息。我們看著投影片一張張播放，回顧麥當勞一路以來的成績，包括過去的宣傳活動和電視廣告。回憶全都湧上心頭！霎時間，我彷彿回到當初白手起家、辛苦打拼的日子。

接著，我們走進位於蒙特婁體育場正對面的新分店。第四千家麥當勞的外觀美輪美奐，嚴格來說位於市中心，沒有停車場，但共有三層樓的座位，以及開放式露台用餐區；現代感的線條、巨大的圓窗，搭配洗練的磚牆，相當令人驚豔。

---

2 美國第三十任總統柯立芝（Calvin Coolidge）所言。

但最讓人嘆為觀止的是廚房的運作情形，好像電影快轉一般，所有人的動作快到模糊一片。當然，這家店的員工應付川流不息的人潮，早已身經百戰。當時正逢蒙特婁奧運，只不過是試營運期間，生意就好得不得了，單單一週的營收便達到七萬四千美元！相較之下，第一家的麥當勞開張前兩週，營收不過六千九百六十九美元而已。

正當我、佛瑞德・特納和加拿大麥當勞總裁喬治・科亨準備剪下印有「4,000」字樣的綵帶時，雨忽然停了，這可能是個好兆頭；但至少讓平面和電視媒體的攝影師鬆了口氣。我對其中一人說：「一切包在我們身上。」

對於麥當勞元老來說，第四千家餐館真的是相當不容易的里程碑；當初只有四家店的時候，大家拼死拼活跟奴隸一樣工作，只為了想開第五家店。如今，我們的眼光放在五千家店，信心滿滿，甚至就在蒙特婁表決，決定第五千家的地點。結果是日本勝出。就我個人來說，我想的是一萬家店。許多人會說我簡直在做夢。嗯，說得沒錯。我畢生都在做夢，死也不會就此打住。

我夢想聖地牙哥教士隊能摘下世界大賽冠軍。

我夢想麥當勞在各國能進行的創新。主導麥當勞海外營運的史帝夫・巴恩斯總是有新奇的計畫，世界各地的人們，無論是日本或挪威，紛紛迎接金色拱門的出現。美國人將會聽到越來越多我們「漢堡外交」的消息。

我也夢想著麥當勞的各項新計畫。裘妮覺得我應該多休息，好好享受個日光浴，但她曉得我真的辦不到。我仍然每天工作，做我最熟悉也最喜歡的事：開發新產品與拓展新店面。

一九七六年十月，我聘請赫內．阿亨（Renee Arend）擔任麥當勞的總主廚，他前份工作是在懷特霍爾擔任廚師。他在麥當勞的任務是提升餐點的營養價值、增加纖維攝取量等等，並協助我改善食譜以研發全新餐點。

赫內是盧森堡人，他高超的廚藝，可歸因於歐洲的嚴格訓練及畢生不輟的精進。他正將所有心力投注在麥當勞的菜單，成品想必會是速食界的藝術作品。我和赫內以後將會有許多合作，例如我想推出一項新餐點，好促進晚餐時段的生意，赫內正在進行測試；若成品如我想的那般美味，絕對會讓肯德基爺爺甘願拋棄肯德基。

我們希望麥當勞能供應一天三餐及點心所需，而開發菜單的過程，恰好和展店過程並進。先前提過「多頭並進」的展店策略，那確實是很好的思維，但背後的理念是**希望餐館**

能走入人群之中，陪伴大家生活、工作和玩樂。

都市的地產買賣模式和麥當勞所習慣的郊區截然不同，上班族聚集的商業區尤其如此。商業區的交通流量和飲食習慣，足以創造獨特的商機。舉例來說，我們可以讓店面垂直分布，產生「加乘」效應。以芝加哥的席爾斯大樓（Sears Tower）為例，我們或許可以開三家麥當勞餐館，分別開在地下室、中間樓層和較高樓層。三家餐館的生意都會很好，不但不會搶到彼此生意，反而會有加乘效果。後來考量到種種因素，我們並沒有在那兒開分店，但未來不排除會在其他地方嘗試。

我們決定要在芝加哥市中心展店之時，我實在雀躍不已。這等於回到我原有的地盤，無論是精華地段、送貨路線、行人流量等等，我都瞭若指掌。我也多半曉得某塊地的承租人和租約期限。如同我跟那裡的地區經理傑克・歐里瑞（Jack O'Leary）所說，我好歹也賣了三十五年的紙杯和多功能攪拌機，不可能什麼都沒學到。**若是真心想提供優質的服務給加盟主，就會記住他們地下室的格局、周圍巷弄的通行狀況等等，或許可藉此建議更好的貯貨方式。**我向來都秉持這個原則，這些知識點滴累積起來，如今剛好用來幫助麥當勞。若能用如此的態度面對工作，人生便無法難倒你，無論你是董事會主席或洗碗工人都一樣；你必須懂得工作本身的樂趣。

現今，美國有許多年輕人沒有機會學習享受工作，而許多政治社會的思想都教我們如何避開人生的風險。我在達特茅斯大學的演講中，曾告訴企管學生們，**我們不可能賜予他人快樂；而美國獨立宣言也說，我們僅能賜予他人追求快樂的自由。快樂看不到也摸不著，它是成就的副產品。**

若要有所成就，必定得冒著失敗的風險；只敢走平放在地上的鋼索，不能算是成就。**過程若缺乏風險，成就也就不值得自豪，當然也不會快樂。**無論是個人或團體，進步的不二法門就是大步向前，發揮開拓先鋒的精神。自由企業制度必然涉及風險，我們必須願意冒險，唯有如此才能實現經濟自由，此外別無他法。

後記

寫完本書後，我很清楚自己遺漏了許多人，例如魯伯・泰勒（Reub Taylor）、亞歷山大・杜森貝瑞（Alexander B. Dusenbury）、班・洛帕提（Ben Lopaty）、卡爾・里德（Carl Reed），以及許許多多幫助麥當勞成功的無名英雄，在此無法逐一詳列，還請見諒。

截至一九七六年底，麥當勞共有四千一百七十七家分店，遍布於美國及其他二十一個國家。同一年，我們的商業活動及獲利情況也打破以往的紀錄：所有店面的總營收超過三十億美元，麥當勞直營餐館的總營收也突破十億美元；稅後淨利達一億美元以上，資產淨值則為五億美元。麥當勞依然在持續成長，而我也不例外。我在七十五歲的生日慶祝會上，覺得自己仍是個青澀的少年；這場慶祝會精采萬分，許多麥當勞早期的老戰友齊聚一堂。真的很高興見到他們，尤其是瓊恩．瑪汀諾和哈利．索恩本。我和哈利曾以為不會再跟對方說話了，所以我相當欣慰，他還把手搭在我肩膀上對我說：「雷啊，你真是我最棒的朋友。」一切的一切似乎都異常美好，待我改天再告訴各位。

雷．克洛克

寫於加州的拉荷亞（La Jolla）

修訂版後記

雷・克洛克從一九七七年寫完這本書，到一九八四年一月十四日因心臟衰竭過世為止，仍然不停地為麥當勞賣命。即便在人生的最後幾年，一切行動必須仰賴輪椅，他依舊每天前往聖地牙哥的辦公室上班。

身為資深董事會主席，克洛克會詳閱每家新餐館開幕當天的銷售報告，並從旁觀察佛瑞德・特納與其他主管處理麥當勞的日常業務。他往往相當滿意，因為營運狀況都出奇的好，就連凡事高標準的他也難以挑剔。

一九八三年間，麥當勞餐館數量已是本書出版時的近兩倍之多，所有店面的營收將近九十億美元。當年十二月的《君子》雜誌中，克洛克獲選為二十世紀影響美國生活最深遠的五十人之一。與他並列的有心理學家亞伯拉罕．馬斯洛（Abraham Maslow）、神學家萊恩霍爾．尼布爾（Reinhold Niebuhr）及人權領袖馬丁．路德．金恩（Martin Luther King, Jr.），他們都屬於「富有遠見之人」。

克洛克開心地接受這項肯定，這對麥當勞毋寧是良好的公關形象，於是他擺了個姿勢，傾身於書桌前，握著一支狀似金色拱門的烙印鐵條。《君子》雜誌的文章作者湯姆．羅賓斯（Tom Robbins）論及麥當勞的社會影響力，寫道：「哥倫布發現美洲新大陸，傑佛遜創立美利堅合眾國，克洛克颳起大麥克旋風。改變我們生活的並非無所不知的電腦，也不是全新武器系統、政治革命、文藝運動或基因治療藥物等，而是大家熟悉的漢堡，太美妙了！」

但是克洛克真正的貢獻並非使美國人的口味標準化，而是創造了麥當勞加盟體系。他最了不起之處，就是以領導者的身分，憑藉天生敏銳的直覺，引領一群創業家進入麥當勞體系，他們提供高水準的餐飲和服務，同時擁有獨立經營的自由。這些加盟店與公司經理、食品及設備供應商通力合作，建立起完整的體系；到了一九八七年，該體系底下已有二千家獨立經營的公司在運作。麥當勞體系引發的商業動能，在克洛克生前就已穩定成長，而在他過世後仍持續加速。

麥當勞一九八五年的年度報告寫道：「每天太陽升起，就有新的麥當勞餐館跟著開幕。」當年，麥當勞共增加了五百九十七個新店面，許多都設立在特殊的地點，例如亞歷桑那州鳳凰城的聖約瑟夫醫院，麥當勞餐館取代了原來的咖啡店。其他意想不到的地點包括公路服務區、軍事基地、購物中心及遊樂園。這一點證實了克洛克的看法，亦即麥當勞距離市場飽和的那天還遠得很，還有很大的展店空間。他會說：「等到所有地區都已涵蓋，我們就會開始往大街小巷鑽。」

一九八五年的年度報告中，探索未來店面的可能地點為一大主題：「本公司目前正在研擬，是否可能在州立公園與國家公園蓋麥當勞餐館。我們會持續築夢，尋找可能的契機。或許有一天，麥當勞會出現在體育館和高檔百貨公司內，或登上航空母艦和商用客機，跟著直上藍天，尤有甚者，十幾二十年後，在太空站執行勤務的太空人，可能會想念家鄉的食物，說不定大麥克堡就是他們懷念的味道。」

如今，開幕一年以上的餐館，年營業額平均可達一百三十萬美元，而所有店面的年營業額則超過一百二十億美元。而麥當勞現在共有九千四百多家餐館遍布世界各地，每天服務一千九百萬名顧客，換算下來，等於每分鐘共服務一萬三千名顧客！

麥當勞的加盟權迄今已是全球炙手可熱的商機之一；每年，麥當勞總部平均得處理兩萬筆個人洽詢加盟事宜。

員工的訓練與發展仍然是麥當勞的重點項目。每年約有兩千五百名學生在麥當勞漢堡大學上課，修習餐館營運及管理課程。這項成就意義重大，誠如約翰．洛夫（John Love）在《麥當勞：探索金拱門的奇蹟》（*McDonald's: Behind the Golden Arches*）一書中所說：「麥當勞企業上下隨時都有至少五十萬名員工，可謂全美數一數二大的企業，而且對美國勞動人口的影響，不僅限於現有的員工人數，因為麥當勞還會培訓許多的高中生，讓他們擁有人生第一份工作。」

此外，麥當勞也持續深入社區，實施諸多計畫，例如「麥當勞叔叔之家」、「麥當勞叔叔兒童慈善機構」，以及贊助肌肉萎縮協會，還向全美青少年宣導避免藥物濫用。

凡此種種計畫及麥當勞在加盟產業的龍頭地位，背後的推手都是雷．克洛克。一九八四年一月二十日，佛瑞德．特納在克洛克追思會上的一席悼詞，便足以說明一切：「雷感動了我們大家，讓我們發揮個人潛力，教導我們要勤奮向上、提升對自我的期許、展現對工作的熱愛、培養榮譽感並且不浪費資源。

「雷為我們樹立了良好典範：他為人慷慨，懂得體恤他人，講求公平，凡事適可而止。我們欽佩他的創業精神、奮鬥的意志，以及誠信原則。我們喜愛他的性格，總是如此開明又誠實，言行自然不做作。我們也喜歡他的幽默感。

「他的態度積極正面，從不消極悲觀；他懂得施比受更有福的道理；他是世上最棒的老闆、最棒的朋友、眾人的父親、完美的伴侶，他鼓舞了身邊所有的人。我們在此表達哀悼之意，因為我們失去的不只是一位好友，更是一位伴侶和領袖。

「我們會永遠懷念他。他所奉獻的一切，我們將與家人分享、與朋友分享、與生命中遇到的所有人分享。」

羅伯特・安德森（Robert Anderson）

一九八七年

經濟新潮社　〈經營管理系列〉

書號	書名	作者	定價
QB1153	**自駕車革命**：改變人類生活、顛覆社會樣貌的科技創新	霍德・利普森、梅爾芭・柯曼	480
QB1154	**U型理論精要**：從「我」到「我們」的系統思考，個人修練、組織轉型的學習之旅	奧圖・夏默	450
QB1155	**議題思考**：用單純的心面對複雜問題，交出有價值的成果，看穿表象、找到本質的知識生產術	安宅和人	360
QB1156	**豐田物語**：最強的經營，就是培育出「自己思考、自己行動」的人才	野地秩嘉	480
QB1157	**他人的力量**：如何尋求受益一生的人際關係	亨利・克勞德	360
QB1158	**2062**：人工智慧創造的世界	托比・沃爾許	400
QB1159	**機率思考的策略論**：從消費者的偏好，邁向精準行銷，找出「高勝率」的策略	森岡毅、今西聖貴	550
QB1160	**領導者的光與影**：學習自我覺察、誠實面對心魔，你能成為更好的領導者	洛麗・達絲卡	380
QB1161	**右腦思考**：善用直覺、觀察、感受，超越邏輯的高效工作法	內田和成	360
QB1162	**圖解智慧工廠**：IoT、AI、RPA如何改變製造業	松林光男審閱、川上正伸、新堀克美、竹內芳久編著	420
QB1163	**企業的惡與善**：從經濟學的角度，思考企業和資本主義的存在意義	泰勒・柯文	400
QB1164	**創意思考的日常練習**：活用右腦直覺，重視感受與觀察，成為生活上的新工作力！	內田和成	360
QB1165	**高説服力的文案寫作心法**：為什麼你的文案沒有效？教你潛入顧客內心世界，寫出真正能銷售的必勝文案！	安迪・麥斯蘭	450
QB1166	**精實服務**：將精實原則延伸到消費端，全面消除浪費，創造獲利（經典紀念版）	詹姆斯・沃馬克、丹尼爾・瓊斯	450
QB1167	**助人改變**：持續成長、築夢踏實的同理心教練法	理查・博雅吉斯、梅爾文・史密斯、艾倫・凡伍思坦	380
QB1168	**刪到只剩二十字**：用一個強而有力的訊息打動對方，寫文案和說話都用得到的高概念溝通術	利普舒茲信元夏代	360
QB1169	**完全圖解物聯網**：實戰・案例・獲利模式　從技術到商機、從感測器到系統建構的數位轉型指南	八子知礼編著；杉山恒司等合著	450

經濟新潮社 〈經營管理系列〉

書　號	書　　名	作　　者	定價
QB1134	**馬自達Mazda技術魂**：駕馭的感動，奔馳的祕密	宮本喜一	380
QB1135	**僕人的領導思維**：建立關係、堅持理念、與人性關懷的藝術	麥克斯·帝普雷	300
QB1136	**建立當責文化**：從思考、行動到成果，激發員工主動改變的領導流程	羅傑·康納斯、湯姆·史密斯	380
QB1137	**黑天鵝經營學**：顛覆常識，破解商業世界的異常成功個案	井上達彥	420
QB1138	**超好賣的文案銷售術**：洞悉消費心理，業務行銷、社群小編、網路寫手必備的銷售寫作指南	安迪·麥斯蘭	320
QB1139	**我懂了！專案管理**（2017年新增訂版）	約瑟夫·希格尼	380
QB1140	**策略選擇**：掌握解決問題的過程，面對複雜多變的挑戰	馬丁·瑞夫斯、納特·漢拿斯、詹美賈亞·辛哈	480
QB1141	**別怕跟老狐狸說話**：簡單說、認真聽，學會和你不喜歡的人打交道	堀紘一	320
QB1143	**比賽，從心開始**：如何建立自信、發揮潛力，學習任何技能的經典方法	提摩西·高威	330
QB1144	**智慧工廠**：迎戰資訊科技變革，工廠管理的轉型策略	清威人	420
QB1145	**你的大腦決定你是誰**：從腦科學、行為經濟學、心理學，了解影響與說服他人的關鍵因素	塔莉·沙羅特	380
QB1146	**如何成為有錢人**：富裕人生的心靈智慧	和田裕美	320
QB1147	**用數字做決策的思考術**：從選擇伴侶到解讀財報，會跑Excel，也要學會用數據分析做更好的決定	GLOBIS商學院著、鈴木健一執筆	450
QB1148	**向上管理·向下管理**：埋頭苦幹沒人理，出人頭地有策略，承上啟下、左右逢源的職場聖典	蘿貝塔·勤斯基·瑪圖森	380
QB1149	**企業改造**（**修訂版**）：組織轉型的管理解謎，改革現場的教戰手冊	三枝匡	550
QB1150	**自律就是自由**：輕鬆取巧純屬謊言，唯有紀律才是王道	喬可·威林克	380
QB1151	**高績效教練**：有效帶人、激發潛力的教練原理與實務（25週年紀念增訂版）	約翰·惠特默爵士	480
QB1152	**科技選擇**：如何善用新科技提升人類，而不是淘汰人類？	費維克·華德瓦、亞歷克斯·沙基佛	380

經濟新潮社 〈經營管理系列〉

書號	書名	作者	定價
QB1107	**當責，從停止抱怨開始**：克服被害者心態，才能交出成果、達成目標！	羅傑・康納斯、湯瑪斯・史密斯、克雷格・希克曼	380
QB1108X	**增強你的意志力**：教你實現目標、抗拒誘惑的成功心理學	羅伊・鮑梅斯特、約翰・堤爾尼	380
QB1109	**Big Data大數據的獲利模式**：圖解・案例・策略・實戰	城田真琴	360
QB1110X	**華頓商學院教你看懂財報，做出正確決策**	理查・蘭柏特	360
QB1111C	**V型復甦的經營**：只用二年，徹底改造一家公司！	三枝匡	500
QB1112	**如何衡量萬事萬物**：大數據時代，做好量化決策、分析的有效方法	道格拉斯・哈伯德	480
QB1114	**永不放棄**：我如何打造麥當勞王國	雷・克洛克、羅伯特・安德森	350
QB1117	**改變世界的九大演算法**：讓今日電腦無所不能的最強概念	約翰・麥考米克	360
QB1120X	**Peopleware**：腦力密集產業的人才管理之道（經典紀念版）	湯姆・狄馬克、提摩西・李斯特	460
QB1121	**創意，從無到有**（中英對照×創意插圖）	楊傑美	280
QB1123	**從自己做起，我就是力量**：善用「當責」新哲學，重新定義你的生活態度	羅傑・康納斯、湯姆・史密斯	280
QB1124	**人工智慧的未來**：揭露人類思維的奧祕	雷・庫茲威爾	500
QB1125	**超高齡社會的消費行為學**：掌握中高齡族群心理，洞察銀髮市場新趨勢	村田裕之	360
QB1126	**【戴明管理經典】轉危為安**：管理十四要點的實踐	愛德華・戴明	680
QB1127	**【戴明管理經典】新經濟學**：產、官、學一體適用，回歸人性的經營哲學	愛德華・戴明	450
QB1129	**系統思考**：克服盲點、面對複雜性、見樹又見林的整體思考	唐內拉・梅多斯	450
QB1131	**了解人工智慧的第一本書**：機器人和人工智慧能否取代人類？	松尾豐	360
QB1132	**本田宗一郎自傳**：奔馳的夢想，我的夢想	本田宗一郎	350
QB1133	**BCG頂尖人才培育術**：外商顧問公司讓人才發揮潛力、持續成長的祕密	木村亮示、木山聰	360

經濟新潮社 〈經營管理系列〉

書號	書名	作者	定價
QB1069X	**領導者，該想什麼？**：運用MOI（動機、組織、創新），成為真正解決問題的領導者	傑拉爾德・溫伯格	450
QB1070X	**你想通了嗎？**：解決問題之前，你該思考的6件事	唐納德・高斯、傑拉爾德・溫伯格	320
QB1071X	**假說思考**：培養邊做邊學的能力，讓你迅速解決問題	內田和成	360
QB1075X	**學會圖解的第一本書**：整理思緒、解決問題的20堂課	久恆啟一	360
QB1076X	**策略思考**：建立自我獨特的insight，讓你發現前所未見的策略模式	御立尚資	360
QB1080	**從負責到當責**：我還能做些什麼，把事情做對、做好？	羅傑・康納斯、湯姆・史密斯	380
QB1082X	**論點思考**：找到問題的源頭，才能解決正確的問題	內田和成	360
QB1083	**給設計以靈魂**：當現代設計遇見傳統工藝	喜多俊之	350
QB1089	**做生意，要快狠準**：讓你秒殺成交的完美提案	馬克・喬那	280
QB1091	**溫伯格的軟體管理學**：擁抱變革（第4卷）	傑拉爾德・溫伯格	980
QB1092	**改造會議的技術**	宇井克己	280
QB1093	**放膽做決策**：一個經理人1000天的策略物語	三枝匡	350
QB1094	**開放式領導**：分享、參與、互動——從辦公室到塗鴉牆，善用社群的新思維	李夏琳	380
QB1095X	**華頓商學院的高效談判學（經典紀念版）**：讓你成為最好的談判者！	理查・謝爾	430
QB1098	**CURATION策展的時代**：「串聯」的資訊革命已經開始！	佐佐木俊尚	330
QB1100	**Facilitation引導學**：創造場域、高效溝通、討論架構化、形成共識，21世紀最重要的專業能力！	堀公俊	350
QB1101	**體驗經濟時代**（10週年修訂版）：人們正在追尋更多意義，更多感受	約瑟夫・派恩、詹姆斯・吉爾摩	420
QB1102X	**最極致的服務最賺錢**：麗池卡登、寶格麗、迪士尼都知道，服務要有人情味，讓顧客有回家的感覺	李奧納多・英格雷利、麥卡・所羅門	350
QB1105	**CQ文化智商**：全球化的人生、跨文化的職場——在地球村生活與工作的關鍵能力	大衛・湯瑪斯、克爾・印可森	360

經濟新潮社　〈經營管理系列〉

書號	書名	作者	定價
QB1008	**殺手級品牌戰略**：高科技公司如何克敵致勝	保羅・泰柏勒、李國彰	280
QB1015X	**六標準差設計**：打造完美的產品與流程	舒伯・喬賀瑞	360
QB1016X	**我懂了！六標準差設計**：產品和流程一次OK！	舒伯・喬賀瑞	260
QB1021X	**最後期限**：專案管理101個成功法則	湯姆・狄馬克	360
QB1023	**人月神話**：軟體專案管理之道	Frederick P. Brooks, Jr.	480
QB1024X	**精實革命**：消除浪費、創造獲利的有效方法（十週年紀念版）	詹姆斯・沃馬克、丹尼爾・瓊斯	550
QB1026X	**與熊共舞：軟體專案的風險管理（經典紀念版）**	湯姆・狄馬克、提摩西・李斯特	480
QB1027X	**顧問成功的祕密（10週年智慧紀念版）**：有效建議、促成改變的工作智慧	傑拉爾德・溫伯格	400
QB1028X	**豐田智慧**：充分發揮人的力量（經典暢銷版）	若松義人、近藤哲夫	340
QB1041	**要理財，先理債**	霍華德・德佛金	280
QB1042	**溫伯格的軟體管理學**：系統化思考（第1卷）	傑拉爾德・溫伯格	650
QB1044	**邏輯思考的技術**：寫作、簡報、解決問題的有效方法	照屋華子、岡田惠子	300
QB1045	**豐田成功學**：從工作中培育一流人才！	若松義人	300
QB1046	**你想要什麼？**：56個教練智慧，把握目標迎向成功	黃俊華、曹國軒	220
QB1049	**改變才有救！**：培養成功態度的57個教練智慧	黃俊華、曹國軒	220
QB1050	**教練，幫助你成功！**：幫助別人也提升自己的55個教練智慧	黃俊華、曹國軒	220
QB1051X	**從需求到設計**：如何設計出客戶想要的產品（十週年紀念版）	唐納德・高斯、傑拉爾德・溫伯格	580
QB1052C	**金字塔原理**：思考、寫作、解決問題的邏輯方法	芭芭拉・明托	480
QB1053X	**圖解豐田生產方式**	豐田生產方式研究會	300
QB1055X	**感動力**	平野秀典	250
QB1058	**溫伯格的軟體管理學**：第一級評量（第2卷）	傑拉爾德・溫伯格	800
QB1059C	**金字塔原理Ⅱ**：培養思考、寫作能力之自主訓練寶典	芭芭拉・明托	450
QB1062X	**發現問題的思考術**	齋藤嘉則	450
QB1063	**溫伯格的軟體管理學**：關照全局的管理作為（第3卷）	傑拉爾德・溫伯格	650

國家圖書館出版品預行編目資料

永不放棄：我如何打造麥當勞王國／雷・克洛克（Ray Kroc）、羅伯特・安德森（Robert Anderson）著；林步昇譯. -- 二版. -- 臺北市：經濟新潮社出版：英屬蓋曼群島商家庭傳媒股份有限公司城邦分公司發行, 2021.07

面；　公分. --（經營管理；114）

譯自：Grinding it out: the making of McDonald's.

ISBN 978-986-06579-4-4（平裝）

1. 克洛克（Kroc, Ray, 1902-1984）2. 麥當勞公司（McDonald's Corporation）3. 餐飲業管理　4. 傳記

483.8　　110010157